材料加工理论与技术丛书

元胞自动机在金属材料研究中的应用

Application of Cellular Automata in Research on Metal Materials

支 颖 王振范 刘相华 著

科学出版社

北 京

内 容 简 介

本书结合具体实例，图文并茂地给出元胞自动机模拟金属凝固、再结晶和固态相变等过程的相关模型及其使用方法，并对元胞自动机在金属材料研究中的应用前景及发展趋势进行展望。书中利用常用的 MATLAB 软件从简到繁、从易到难，通过一些简单的例子使读者逐渐建立起元胞自动机的概念，熟悉编程方法，直至将其应用于材料研究领域。本书作为初学者的入门书籍，除介绍元胞自动机方法的基本原理和方法之外，还附有大量的源程序。

本书可供从事金属材料研究的科研人员、工程设计人员，以及高等院校的教师和研究生参考阅读，也可作为材料加工工程及材料学专业硕士研究生、博士研究生的教学参考书。

图书在版编目（CIP）数据

元胞自动机在金属材料研究中的应用 = Application of Cellular Automata in Research on Metal Materials / 支颖，王振范，刘相华著. —北京：科学出版社，2020.4

（材料加工理论与技术丛书）

ISBN 978-7-03-064734-4

Ⅰ. ①元… Ⅱ. ①支… ②王… ③刘… Ⅲ. ①自动机－应用－金属材料－研究 Ⅳ. ①TG14

中国版本图书馆CIP数据核字（2020）第051015号

责任编辑：牛宇锋 纪四稳 / 责任校对：王萌萌
责任印制：赵 博 / 封面设计：蓝正设计

科 学 出 版 社 出版
北京东黄城根北街 16 号
邮政编码：100717
http://www.sciencep.com

北京中石油彩色印刷有限责任公司印刷
科学出版社发行 各地新华书店经销
*
2020 年 4 月第 一 版 开本：720 × 1000 1/16
2024 年 4 月第四次印刷 印张：12 3/4 插页：4
字数：241 000

定价：98.00 元
（如有印装质量问题，我社负责调换）

前　言

近年来，金属材料的研究取得了一系列重要进展，出现了很多新理论、新方法和新途径，其中元胞自动机在金属材料科学中的应用就是一个很好的例证。元胞自动机借助全新的概念、选取全新的角度、使用全新的方法来诠释金属材料的组织变化，获得比常规方法更丰富、更准确、更直观的微观组织演变信息，成为金属材料科学研究前沿一道亮丽的风景线。

本书是在晶粒尺度（$10^{-7} \sim 10^{-5}$m）上用元胞自动机对金属材料微观组织进行模拟的一部专著，总结近年来元胞自动机用于金属材料研究的最新进展，带来在晶粒尺度上开展研究的一系列重要变化：

（1）过去对晶粒及其变形的研究多建立在假设、简化、观察、演绎的基础上，以建立数学公式作为描述手段；而元胞自动机能以图形方式把晶粒的生成、演变、发展、变化过程直观地呈现给研究者，辅助研究者分析、思考、求解。

（2）传统理论虽然能够解释关于晶粒尺寸和晶粒变形的一些现象，但是要模拟晶粒形状是非常困难的；而元胞自动机不但能够给出晶粒平均尺寸、尺寸分布，还能以图形方式直观地给出晶粒形状、取向等更加丰富的信息。

（3）元胞自动机可让研究者直接观察到晶界，以及晶界的生成、扩展、演变、融合、消失等过程，这对研究者开展晶界研究无疑具有巨大的推动作用。

（4）元胞自动机可以为研究者提供金属微观组织演化的动态影像。金属的凝固组织是怎样产生的？轧制过程中晶粒是如何变化的？再结晶和相变过程是如何进行的？这些涉及演变过程的重要问题，过去只能抓住一点儿蛛丝马迹去想象，或者灵机一动画出示意图来说明；而元胞自动机出现以后，能够把这些过程在计算机屏幕上清晰地表现出来，就像看一场揭秘电影。

这么有力、有趣、有前景的工具，没有理由对它置之不理。在 20 世纪 90 年代，元胞自动机刚刚开始用于金属材料的研究时，本书作者就敏锐地察觉到了它的巨大潜力。其中，刘相华教授在轧制过程多场耦合有限元的研究中，不满足于通过先求解温度场、应力场、应变场、变形速度场，再将它们代入已有公式来获得轧件组织场的习惯做法，在努力探索新途径的过程中逐渐形成了将有限元法与元胞自动机结合起来进行综合模拟的最初构想。

这个构想得到了王振范教授的响应和大力支持，他当时虽年过六旬，但他不畏艰难，从头开始，钻研元胞自动机的理论、方法，亲自动手编程，与刘相华教授合作指导研究生共同研究。

刘刚用有限元法进行管线钢轧制过程组织场的研究(硕士学位论文题目：热轧管线钢显微组织预测数学模型，1998 年)，发现了传统做法存在的一系列问题，促进了本课题组对新方法的探索。

金文忠用元胞自动机模拟轧制过程中的组织变化(硕士学位论文题目：热加工过程静态再结晶的元胞自动机模拟，2006 年)，成为本课题组中以元胞自动机作为学位论文研究工具的第一人；之后王嘉伟参与了元胞自动机部分程序的开发，为规范元胞自动机编程做出了有益的探讨，使本课题组有了自己的元胞自动机基础程序。

当时还是博士研究生的支颖开展了有限元法与元胞自动机相结合进行综合模拟的研究(博士学位论文题目：板带钢热轧过程宏观行为与介观组织的综合模拟，2008 年)，解决了宏观有限元变形模拟与介观元胞自动机组织模拟结合的一系列难题，实现了二者的综合模拟。

支颖在利用元胞自动机进行成形过程综合模拟方面迈出了重要的一步，她把原来的一些构想变成了现实，把元胞自动机的潜力变成了看得见的实例。继支颖之后，赵元榕于 2011 年开展了基于元胞自动机方法的连铸小方坯凝固微观组织模拟研究，田野于 2012 年采用元胞自动机方法开展了 CR340 差厚板退火过程组织演变模拟的研究，柯迪文于 2018 年开展了双相钢差厚板连续退火中相变过程元胞自动机的研究。

上述研究工作逐步加深了作者对元胞自动机的认识，为本书积累了宝贵素材，给予作者敢于提起笔来撰写本书的勇气。

原本从事金属材料加工工程研究的作者涉足元胞自动机会有较大的难度，这决定了本书写作过程充满了艰辛。老中青三代研究者携起手来，共同勾画蓝图，共同解决研究过程中遇到的一个个难题，共同享受着取得研究进展带来的快乐。面对那些多次让我们眼前一亮的研究成果，心中珍惜之情油然而生，与其捧在手中自我欣赏，不如奉献出来与同行分享。经历了"把别人喝咖啡的时间都用在工作上"的艰苦而漫长的过程，本书在一字字、一行行、一页页、一章章地完成后，终于成稿与读者见面。

本书有以下三个特点：

(1)三位作者都是材料加工工程专业出身，虽然本书也涉及材料科学中的一些其他问题，但是以模拟金属成形过程中组织性能变化为核心内容的特色显而易见，书中很多内容结合轧制等金属压力加工过程的实例给出，使本书具有鲜明的行业特征。

(2)作者试图把本书写成这样一部著作，即它能够引导后来者入门，并在入门后能够尽快开展独立研究工作。本书除介绍原理和方法之外，还附有大量源程序，这些程序都经过了作者的精心编写和调试。程序中附有多个算例，这些算例可执行、可操作、可再现且被证明是好用的。这赋予了本书又一个鲜明特色，即可作为引领初学者入门的指导书。

(3) 把元胞自动机看成金属材料组织演变多层次模拟的一种工具，它向上可与连续体介质力学有限元相衔接，在获得速度场、应力应变场的同时获得组织场；向下可与晶体塑性有限元相衔接，揭示取向、织构、滑移等塑性变形的深层规律。从这个角度上说，本书具有开放性的特点，可根据需要进一步上接下探，左连右挂，前瞻后继。本书在打开这扇窗户之后，为大家展示了一片崭新的、丰富多彩的天地。需要我们去探索的，远比我们手中掌握的更深邃、更奥妙、更神奇。

这里感谢前面提到的各位同学在元胞自动机应用方面做出的有益探索，同时感谢当时在东北大学轧制技术及连轧自动化国家重点实验室工作和学习的历届研究生、教师和研究人员与本书作者开展讨论时所提出的真知灼见。本书的成稿过程使作者深切体会到：浓重的学术氛围和轻松的研究环境对完成一部学术著作是多么重要，其中志同道合者为追求科学真理而辛勤耕耘的一幅幅画面，令作者难以忘怀。

作　者

2020 年 1 月于东北大学

第1章 绪 论

1.1 元胞自动机的发展简述

元胞自动机(cellular automata，CA)是时间和空间都离散的动力学系统，其基本思想可以追溯到 20 世纪 40 年代末，数学家 von Neumann 等提出了元胞自动机的概念，其目的是研究生物系统的自我繁殖行为[1]。这种具有自我复制和通用计算能力的独特算法，就是现在称为"元胞自动机"的雏形。真正二维元胞自动机模型的出现则是在 20 世纪 70 年代，Conway 编制了著名的计算机游戏程序——"生命游戏"，该游戏程序成为元胞自动机诞生的标志，研究发现简单元素在共同规则的相互作用下可以得出异常有趣的结构[2,3]。

20 世纪 80 年代，英国数学家 Wolfram 从理论和计算机模拟两方面对元胞自动机进行了全面系统的研究，提出了元胞自动机的四种基本类型，给出了一维和二维元胞自动机比较完善的数学模型和统计学性质，为元胞自动机理论的发展和广泛应用奠定了坚实的基础[4]。90 年代，元胞自动机方法被应用到各个领域，其理论和方法也得到了进一步的发展[5]。

进入 21 世纪以来，随着计算机技术的发展，国内外学者对元胞自动机进行了深入的研究，它也成为国际研究的前沿热点。2002 年 Wolfram 等的著作 *A New Kind of Science* 正式出版，该书提供了一种非常简单的计算方法对自然界进行模拟研究[6]。他认为宇宙本质上是由数字构成的，可使用简单的程序机理描述，这种机理就是元胞自动机描述的基本规律。他预测在科学界这种认识将会对物理学、化学、生物学和其他一般科学领域产生重大的影响。

时至今日，元胞自动机已经广泛地应用于社会、经济、军事和科学研究等各个领域。元胞自动机可以模拟各种自然现象，许多非线性现象都可以借助元胞自动机加以模拟。在计算机科学中，人们将元胞自动机与人工智能、神经网络相结合开展了有意义的人与机器人竞争演化等的研究[7]；在生命科学中，人们采用元胞自动机模拟了传染病的游走行为[8]、心肌组织电信号[9]、肿瘤的生长[10]及生物细胞生长演化行为等[11]。类似的例子不胜枚举，例如，在城市交通管理中用它来模拟城市道路交通流的微观特性[12]以及共享单车人流和车流的配置等[13]；在天文学中用它来模拟卫星云图[14]；在地质学中用它来模拟预测矿山地质灾害等[15]。

在金属材料研究领域，国内外相关学者也将元胞自动机应用于金属材料组织和性能的研究中。下面主要介绍元胞自动机在金属材料凝固、再结晶及相变研究中的发展与应用。

1.2 元胞自动机在金属材料研究中的应用概述

对金属材料显微组织形态及其演变规律的研究，人们已经按照不同的假设建立了许多解析模型。依据这些模型对金属物理过程的模拟也已经有很长的历史。最初人们在这些模拟中，仍然走的是解连续体力学方程的道路，即根据解析公式进行数值离散，再在离散网格上进行方程的模拟。尽管也取得了许多成果，但是这背后的计算工作量十分巨大。近年来，以计算机为工具把材料的组织结构和性能结合起来进行研究，引起了研究者和软件开发者的关注，元胞自动机模拟方法在这方面的优势显得尤为突出。元胞自动机是一种全离散的动力学模型，很容易描述单元间的相互作用，不需要建立和求解复杂的微分方程，只需要确定简单的单元演化规则，便于并行计算和动态显示，特别适用于金属材料的凝固、再结晶、相变等随机的、动态的物理过程模拟[16]。

元胞自动机在金属材料研究中的应用，最早的例子是对凝固现象的模拟，随后出现了很多材料组织演变模型，包括凝固结晶、共晶生长、再结晶、晶粒长大和相变过程等模型。元胞自动机是处理微观组织演变过程的一种简便方法，可以模拟金属材料加工过程的组织演变，预测晶粒度、相的分布等，并通过优化宏观工艺参数来确定微观组织。随着现代计算机技术的发展，元胞自动机模拟方法在材料加工领域有很大的应用潜力，它将更广泛和更深入地应用到材料与工艺不同方面的模拟研究中[17]。

1.2.1 元胞自动机在凝固过程模拟中的应用发展

对凝固现象的模拟是元胞自动机在材料科学中应用最为广泛的一类。1986年，Packard[18]建立了第一个枝晶生长的二维元胞自动机模型，此模型考查了局部界面曲率的影响，并定性观察了枝晶生长结构，由此引出了许多对凝固枝晶的元胞自动机的模拟研究[19,20]。

1995年，Spittle和Brown[21]建立了三维元胞自动机模型，研究了三维自由枝晶形貌对过冷度的影响，元胞自动机模型中同时考虑了曲率、热扩散和潜热等效应，生成了凝固枝晶的基本组织形态。结果观察到随过冷度的降低，生长形态变得更加球形化，枝晶的尖端出现明显的分枝；过冷度再继续降低，随侧枝的形成数目减少而朝主轴生长。另外，Spittle和Brown[22]用元胞自动机方法模拟了温度不均匀枝晶的自由生长情形。后来，Rappaz和Gandin[23]又改进了三维元胞自动机模型，使元胞自动机模型被运用到凝固的共晶生长现象模拟中。

Brown 等还把元胞自动机与有限差分法结合起来，建立了三维元胞自动机有限差分(cellular automata-finite difference，CAFD)模型来模拟两相耦合生长，用有限差分法来描述溶质在界面处的扩散行为，用元胞自动机规则来描述晶粒生长，并把此模型应用到真实共晶系 Pb-Sn 的凝固过程中，得到了固液界面移动距离随时间的变化及相间距等定量结果。Spittle 和 Brown[22]考虑了过程中不同组元的再分布，尽管没有考虑潜热和热传导等效应，但是模拟结果仍再现了共晶生长产生的层状共晶组织特征，在偏共晶成分合金凝固生长中，仍可发现枝晶结构。

Rappaz 等[23,24]建立了另一类随机元胞自动机模型，该模型用来模拟凝固结晶中晶粒结构的形成。他们将晶粒形核与长大的物理过程引入模型中，考查了晶粒在模具壁或晶体中的不均匀连续形核、晶核的晶体学位向关系以及枝晶尖端生长的动力学行为，成功地预测了从柱状晶到等轴晶的转变，并得到了实验验证。他们把这类元胞自动机模型与有限元法耦合起来，建立了宏观-微观的元胞自动机有限元(cellular automata-finite element，CAFE)模型[25]，通过有限元法计算宏观传热现象，实现对不均匀二维温度场中凝固过程的晶粒组织模拟研究，进而把此模型应用到两种实际的凝固实验中，得到了实验验证。在 Rappaz 等[25,26]的努力下，CAFE 模型很快发展起来，从最初只能处理二维均匀温度场发展到可处理三维非均匀温度场。其三维 CAFE 模型已经可以模拟定向凝固叶片精密铸造过程中柱状晶的竞争生长、晶粒在过冷液体中的延伸及多晶生长过程。

国内学者李殿中等[27,28]用枝晶尖端生长动力学模型研究了晶粒的生长及择优晶向对生长的影响，确立了由柱状晶到等轴晶转变的判据，用元胞自动机模拟了镍基合金叶片凝固过程介观组织，并成功地对晶粒生长过程进行了计算机屏幕动态彩色显示。张林和王元明[29]建立了镍基耐热合金凝固过程的元胞自动机模型，该模型以多组元的溶质扩散方程以及枝晶尖端生长的 LGK(Lipton-Glicksman-Kurz)模型为基础，模拟了凝固过程中不同冷却速率下晶粒结构的演化。

许庆彦和柳百成[30]采用元胞自动机模型与宏观传热计算相结合的方法，对砂型铸造铝合金铸件的凝固组织形成进行了模拟。在模拟过程中，采用连续形核的方法处理液态金属的异质形核现象，并通过高斯分布函数描述表核质点密度随温度的分布关系，在给定过冷度时对分布函数求积分可得该时刻的形核密度。晶粒生长模型则考虑枝晶尖端生长动力学行为和择优生长方向，模拟计算结果表明，在冷却速率不变的情况下，随着形核分布参数增加，所得到的晶粒尺寸增大，从数学角度对模拟结果进行了分析。于亮等[31]使用元胞自动机模型，根据最基本的物理学原理和温度场模拟计算耦合，得到了枝晶的生长结构。

陈守东和陈敬超[32]采用元胞自动机和有限元法，建立了双辊连续铸轧纯铝薄带工艺凝固过程中形核和晶粒生长的数学模型，耦合计算了宏观温度场和微观组织演变。该模型考虑了溶质扩散、曲率效应和各向异性等影响因素，获得了双辊连续铸轧纯铝薄带凝固过程等轴晶生长、柱状晶生长及柱状晶向等轴晶转变的模拟结果[33]。黄锋[34]基于立式双辊薄带铸轧工艺凝固过程的特点，采用元胞自动机方法实现了镁合金和硅钢薄带凝固过程的微观组织演化的数值模拟，得到了工艺参数对镁合金薄带凝固组织的影响规律，并采用流场作用下的枝晶生长动力学模型，结合"偏心四边形"元胞生长算法，对硅钢铸轧薄带凝固过程中柱状晶沿着铸轧方向倾斜的现象进行了模拟研究。刘东戎等[35]采用 CAFE 模型模拟了 TiAl 合金定向凝固过程中偏析形成和晶粒组织演化等过程，考查了形核过冷度和自然对流强度对柱状晶向等轴晶转变、晶粒尺寸、晶粒延长因子以及偏析分布的影响。

1.2.2　元胞自动机在再结晶过程模拟中的应用发展

1991 年，Hesselbarth 和 Gobel[36]首先提出将元胞自动机用于再结晶模拟的研究。他们利用元胞自动机模型研究了在不同模型参数和算法下再结晶形核及其晶粒长大的动力学模拟；在相同的模型假设下，得出了与 JMAK（Johnson-Mehl-Avrami-Kolmogorov）理论相同的结果。Goetz 和 Seetharaman[37,38]进一步发展了上述模型，对动态和静态再结晶进行了研究，模拟了不同类型的形核和不同形核密度对再结晶动力学行为的影响。

Davies 对元胞自动机在再结晶模拟中的应用分别进行了深入研究，取得了许多进展和成果。从 1994 年开始，Davies 就对金属组分的建模与实验进行研究，提出了再结晶元胞自动机相邻单元对再结晶动力学行为的影响，指出模型结构并不会影响 JMAK 公式的时间因子和常数，并加以定量证明[39]。1997 年，Davies 又对再结晶元胞自动机的晶核长大进行了模拟，采用实验数据转换方法将模拟中的时间-空间与真实的时间-空间联系起来，这种方法必须基于大量的实验，但是转变较为简单[40]。1999 年，Davies 和 Hong 应用元胞自动机方法对冷轧 AA1050 铝合金进行了静态再结晶模拟研究，模拟结果与实验结果在再结晶动力学行为、平均晶粒尺寸和体积分数方面基本一致，不足之处在于：当模拟时间很短时，模拟的再结晶动力学行为与实验结果出入较大[41]。2005 年，Raabe[42]开始研究冷轧再结晶织构问题，采用元胞自动机方法对再结晶组织和织构进行了大量模拟研究，模拟了设定的时间-空间与真实的时间-空间的转换、初始静态再结晶动力学行为及其与 JMAK 理论的比较等。

Marx 等做了一些关于元胞自动机模拟金属再结晶方面的工作，他们用修改以后的三维元胞自动机模型模拟了初次再结晶[43]，随后又用元胞自动机结合有限元法分析了完整的模型，模拟了再结晶过程的动力学行为、显微结构及组织的演变[44,45]。该模型考虑了与长大速率（即生长速率）有关的晶粒取向，其新颖的算法使计算量和对计算机内存的要求达到了最小，解释了组织结构的各向异性和长大速率，因而允许形核条件和晶界扩展的多样化。

[21] Spittle G, Brown R. A 3-dimensional cellular automaton model of "free" dendritic growth. Scripta Metallurgica et Materialia, 1995, 32(2): 241~246.

[22] Spittle G, Brown R. Simulation of diffusional composite growth using the cellular automaton finite difference (CAFD) method. Journal of Materials Science, 1998, 33(19): 4769~4773.

[23] Rappaz M, Gandin C A. Probabilistic modeling of micro-structure formation in solidification processes. Acta Metallurgica et Materialia, 1993, 41(2): 345~360.

[24] Gandin C A, Rappaz M. A coupled finite element-cellular automaton model for prediction of dendritic grain structures in solidification processes. Acta Metallurgica et Materialia, 1994, 42(7): 2233~2246.

[25] Gandin C A, Rappaz M, Tintillier R. 3-dimensional simulation of the grain formation in inveastment casting. Metallurgical & Materials Transactions A, 1994, 25(3): 629~635.

[26] Rappaz M, Gandin C A, Desbiolles J L, et al. Prediction of grain structures in various solidification processes. Metallurgical & Materials Transactions A, 1996, 27(3): 695~705.

[27] 李殿中, 苏仕方, 徐雪华, 等. 镍基合金叶片凝固过程微观组织模拟及工艺优化研究. 铸造, 1997, (8): 1~7.

[28] 李殿中, 杜强, 胡志勇, 等. 金属成形过程组织演变的 Cellular Automaton 模拟技术. 金属学报, 1999, 35(11): 1201~1205.

[29] 张林, 王元明. Ni 基耐热合金凝固过程的元胞自动机方法模拟. 金属学报, 2001, 37(8): 882~888.

[30] 许庆彦, 柳百成. 采用 Cellular Automaton 法模拟铝合金的微观组织. 中国机械工程, 2001, 12(3): 328~331.

[31] 于亮, 顾斌, 李绍铭, 等. 枝晶生长的元胞自动机模拟. 安徽工业大学学报, 2002, 19(1): 10~13.

[32] 陈守东, 陈敬超. 采用 CA-FE 法模拟双辊连铸纯铝凝固微观组织. 特种铸造及有色合金, 2011, 31(12): 86~90.

[33] 陈守东, 陈敬超, 彭平. 基于一种改进模型模拟双辊连续铸轧纯铝微观组织. 材料科学与工艺, 2012, 20(6): 73~80.

[34] 黄锋. 薄带双辊铸轧凝固过程组织演变的数值模拟[博士学位论文]. 沈阳: 东北大学, 2015.

[35] 刘东戎, 芦海洋, 郭二军. 定向凝固 Ti-46at.%Al 合金晶粒组织形成 CAFE 模拟. 哈尔滨理工大学学报, 2017, 22(6): 102~108.

[36] Hesselbarth H W, Gobel I R. Simulation of recrystallization by cellular automata. Acta Metallurgica et Materialia, 1991, 39(9): 2135~2144.

[37] Goetz R L, Seetharaman V. Static recrystallization kinetics with homogeneous heterogeneous nucleation using a cellular automata model. Metallurgical & Materials Transactions A, 1998, 29(9): 2307~2321.

[38] Goetz R L, Seetharaman V. Modeling dynamic recrystallization using cellular automata. Scripta Materialia, 1998, 38(3): 405~413.

[39] Davies C H J. The effect of neighborhood on the kinetics of a cellular automaton recrystallization model. Scripta Metallurgica et Materialia, 1995, 33(7): 1139~1143.

[40] Davies C H J. Growth of nuclei in a cellular automaton simulation of recrystallization. Scripta Materialia, 1997, 36(1): 35~46.

[41] Davies C H J, Hong L. The cellular automaton simulation of static recrystallization in cold-rolled AA1050. Scripta Materialia, 1999, 40(10): 1145~1150.

[42] Raabe D. Recrystallization Simulation by Use of Cellular Automata. Amsterdam: Springer Netherlands, 2005, 32: 2173~2203.

[43] Marx V, Reher F R, Gottstein G. Simulation of primary recrystallization using a modified three-dimensional cellular automaton. Acta Materialia, 1999, 47(4): 1219~1230.

[44] Gottstein G, Marx V, Sebald R. Integral recrystallization modeling. Journal of Shanghai Jiaotong University, 2000, 5(1): 49~57.

[45] Gottstein G, Marx V, Sebald R. Integral recrystallization modeling: From cellular automata to finite element analysis. The 4th International Conference on Recrystallization and Related Phenomena, Tokyo, 1999: 15~24.

[46] Ding R, Guo Z X. Coupled quantitative simulation of microstructural evolution and plastic flow during dynamic recrystallization. Acta Materialia, 2001, 49(16): 3163~3175.

[47] Ding R, Guo Z X. Microstructural modeling of dynamic recrystallization using an extended cellular automaton approach. Computational Materials Science, 2002, 23(1-4): 209~218.

[48] Liu Y, Bandin T, Penelle R. Simulation of normal grain growth by cellular automata. Scripta Materialia, 1996, 34(11): 1679~1683.

[49] Zhang L, Zhang C B, Wang Y M. Modeling recrystallization of austenite for C-Mn steels during hot deformation by cellular automata. Journal of Materials Science and Technology, 2002, 18(2): 163~166.

[50] 金文忠. 热加工过程静态再结晶的元胞自动机模拟[硕士学位论文]. 沈阳: 东北大学, 2006.

[51] 何燕. 金属材料动态再结晶过程的元胞自动机法数值模拟[硕士学位论文]. 大连: 大连理工大学, 2005.

[52] 肖宏, 柳本润. 采用 Cellular Automaton 法模拟动态再结晶过程的研究. 机械工程学报, 2005, 41(2): 148~152.

[53] 郑成武, 兰勇军, 肖纳敏, 等. 热变形低碳钢中奥氏体静态再结晶介观尺度模拟. 金属学报, 2006, 42(5): 474~480.

[54] 支颖. 板带钢热轧过程宏观行为与介观组织的综合模拟[博士学位论文]. 沈阳: 东北大学, 2008.

[55] 田野. CR340 冷轧差厚板的退火工艺及组织演变[硕士学位论文]. 沈阳: 东北大学, 2012.

[56] Kumar M, Sasikumar R, Kesanwan N P. Competition between nucleation and early growth of ferrite from austenite-studies using cellular automata. Acta Materialia, 1998, 46(17): 6291~6303.

[57] 张林, 张彩碚, 王元明, 等. 低碳钢奥氏体转变为铁素体的元胞自动机模型. 材料研究学报, 2002, 16(2): 200~204.

[58] 张林, 张彩碚, 王元明, 等. 连续冷却过程中低碳钢奥氏体-铁素体相变的元胞自动机模拟. 金属学报, 2004, 40(1): 8~13.

[59] 兰勇军. 低碳钢奥氏体-铁素体相变介观模拟计算[博士学位论文]. 沈阳: 中国科学院金属研究所, 2005.

[60] 杨秉雄. 用元胞自动机模拟材料加热中的动态相变过程. 热加工工艺, 2011, 40(20): 1~3.

[61] Bos C, Mecozzi M G, Sietsma J. A microstructure model for recrystallization and phase transformation during the dual-phase steel annealing cycle. Computational Materials Science, 2010, 48: 692~699.

[62] Haldera C, Madeja L, Pietrzyk M. Discrete micro-scale cellular automata model for modelling phase transformation during heating of dual phase steels. Archives of Civil and Mechanical Engineering, 2014, 14: 96~103.

[63] Zheng C W, Raabe D. Interaction between recrystallization and phase transformation during intercritical annealing in a cold-rolled dual-phase steel: A cellular automaton model. Acta Materialia, 2013, 61: 5504~5517.

[64] Seppälä O, Pohjonen A, Kaijalainen A, et al. Simulation of bainite and martensite formation using a novel cellular automata method. Procedia Manufacturing, 2018, 15: 1856~1863.

[65] Zhi Y, Liu W J, Liu X H. Simulation of martensitic transformation of high strength and elongation steel by cellular automaton. Advanced Materials Research, 2014, 1004-1005: 235~238.

第 2 章　元胞自动机的基本理论

元胞自动机是一种全离散的动力学模型，可以用来描述单元间的相互作用，不需要建立和求解复杂的微分方程，只需要确定简单的单元演化规则，而且便于并行计算和动态显示[1]。自然界各种演化过程按性质可分为两大类：确定性过程和随机性过程。元胞自动机对这两类过程均可进行模拟[2]。在金属材料科学中，如凝固、再结晶、相变等过程往往是随机的、多元的动态物理过程，用元胞自动机进行模拟是一种有效的方法。为了全面掌握元胞自动机的模拟方法，下面首先介绍元胞自动机的基本理论。

2.1　元胞自动机的定义

元胞自动机又称细胞自动机、点格自动机、分子自动机或单元自动机，是时间和空间都离散的动力学系统。散布在规则网格中的每一个元胞取有限的离散状态，遵循相同的作用规则，依据确定的局部规则做同步更新，大量元胞通过简单的相互作用完成动态系统的演化[3]。元胞自动机是物理学家、数学家、计算机科学家和生物学家共同工作的结晶，因而对元胞自动机的含义也存在不同解释。物理学家将其视为离散的、无穷维的动力学系统；数学家将其视为描述连续现象的偏微分方程的对立体，是一个时空离散的数学模型；计算机科学家将其视为新兴的人工智能、人工生命的分支；生物学家则将其视为生命现象的一种抽象[4]。元胞自动机有严格的科学定义，下面给出两种常见的定义。

2.1.1　元胞自动机的物理学定义

元胞自动机是在一个由离散、有限状态元胞组成的元胞空间上，元胞以一定的局部规则在离散的时间维上进行演化的动力学系统[5,6]。

具体地说，构成元胞自动机的部件称为"元胞"，每个元胞在特定的时间有一个确定的状态，这个状态只能取某个有限状态集中的一个，如"生"或"死"、"有"或"无"、256 种颜色中的一种颜色等。这些元胞规则地排列在被称为元胞空间的网格上，它们各自的状态随着时间变化而变化，根据局部规则进行更新。也就是说，一个元胞在某时刻的状态，取决于上一时刻该元胞的状态以及该元胞的所有邻居元胞的状态。元胞空间内的元胞依照这样的局部规则进行同步状态更新，整个元胞空间则表现为在离散的时间维上的变化。

2.1.2　元胞自动机的数学定义

20 世纪 90 年代初，美国数学家 Culik 等从集合论等角度对元胞自动机进行了严格的描述和定义[6,7]。令 d 表示元胞空间维数，k 表示元胞状态数，元胞状态在一组布尔型变量的有限状态集 $S=\{S_1,S_2,\cdots,S_m\}$ 中取值，r 表示元胞的邻居半径，t 表示时间，给出每个元胞在时间 $t=0,1,\cdots$ 的局部状态，并按演化规则进行动态演化，即得到元胞自动机模型。一维的演化规则可写成

$$S_i^{t+1} = f\left(S_{i-r}^t,\cdots,S_{i-1}^t,S_i^t,S_{i+1}^t,\cdots,S_{i+r}^t\right) \tag{2.1}$$

式中，S_i^t 为第 i 个元胞在 t 时刻的状态。按上述定义，演化规则 f 对所有元胞都是同一的，且同时应用于每个元胞，这样就得到体系的同步动力学状态。

对于一维元胞自动机，$d=1$，每个元胞记为 i，指定元胞为 $r=(i)$。例如，元胞可能有两种状态 0 或 1，即状态集 S_i=0 或 1，其状态数 $k=2$，在时间 $t+1$ 的状态 S_i^{t+1} 只取决于时间 t 的局部状态，即左、右和中心元胞三组元的状态（$S_{i-1}^t,S_i^t,S_{i+1}^t$），则演化规则由 $S_i^{t+1}=f(S_{i-1}^t,S_i^t,S_{i+1}^t)$ 构成。f 有 8 种组合状态，即[111]、[110]、[101]、[100]、[011]、[010]、[001]、[000]，如果按照模 2 和规则，每组可能是 1 或 0，则整个变化有 2^8=256 种。

对于二维元胞自动机，$d=2$，每个元胞记为 i、j，指定元胞为 $r=(i,j)$。例如，森林火灾的生长、燃烧和熄灭，元胞的状态可表示为 0、1、2，元胞状态数 $k=3$，当考虑 4 邻居时，$t+1$ 时刻的演化规则可表示为 $S_{i,j}^{t+1}=f(S_{i-1,j}^t,S_{i,j-1}^t,S_{i,j}^t,S_{i+1,j}^t,S_{i,j+1}^t)$。

有时为了标记适用不同规则的特殊元胞，可以在网格的某些指定位置上指定元胞状态，引入空间（或时间）的不均匀性。例如，抛洒概率点的元胞，设定概率数大于 0～1 的某个值，如概率数大于 0.5 时，元胞状态取为 1，为了引入这种不均匀性，对边界元胞也可这样处理。

时间 $t+1$ 的元胞状态只随时间 t 的状态而变化，如果要在当前状态保留以前状态的副本，则可进行如下处理，一维二阶规则为

$$S_i^{t+1} = f\left(S_{i-1}^t,S_{i+1}^t\right) \oplus S_i^{t-1} \tag{2.2}$$

式中，$\oplus$ 为模 2 和运算符，也可以引入新状态 R_i^t 按一阶规则表达，即

$$S_i^{t+1} = f\left(S_{i-1}^t,S_{i+1}^t\right) \oplus R_i^t \tag{2.3}$$

注意：在第一种情况下，需要指定初始条件 $S_i^{t=0}$ 和 $S_i^{t=1}$；在第二种情况下，$R_i^t=S_i^{t-1}$，需要指定初始条件为 $S_i^{t=0}$ 和 $R_i^{t=1}$。式(2.2)是构造可逆动力学的通用方

法。由于 ⊕ 具有交换性和结合性，式(2.2)也可以整理成式(2.4)，即

$$S_i^{t-1} = f\left(S_{i-1}^t, S_{i+1}^t\right) \oplus S_i^{t+1} \tag{2.4}$$

2.2　元胞自动机的构成

元胞自动机的基本组成包括元胞、元胞空间、邻居及规则四部分。简单来讲，元胞自动机可以视为由一个元胞空间和定义于该空间的变换函数所组成。图 2.1 为元胞自动机的构成示意图[8,9]。

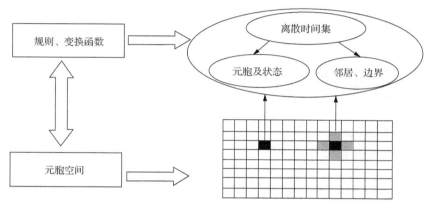

图 2.1　元胞自动机的构成示意图

2.2.1　元胞及元胞空间

元胞又称单元，是元胞自动机的最基本组成部分。元胞分布在离散空间的网格上，具有有限个状态[10]，网格单元就是元胞。每一个元胞在某时刻都有自己的状态值，元胞本身的状态通常可以表示成 0 或 1、黑或白、"生"或"死"、动或静，也可以是整数形式的离散集 $\{S_0, S_1, \cdots, S_k\}$。森林火灾的元胞自动机模型有 3 种状态元胞：树木生长、燃烧、熄灭。金属结晶时也有 3 种状态：结晶态、未结晶态和边界状态。总之，元胞在每个时刻状态的演化过程构成了元胞自动机模拟。

元胞空间就是元胞所分布空间网点的集合。元胞网格的划分通常可按三角形、四方形和六边形三种网格排列，如图 2.2 所示。三角形网格拥有较少的邻居数目，但对计算机的计算和显示不方便，需要转换成四方形网格。六边形网格虽然能够较好地模拟各向同性问题，且模型计算精度较高，但和三角形网格一样，计算机的计算和显示都较复杂和困难，并需要进行网格转换。最常用的是四方形网格，主要因为这种网格划分方式直观、简单，特别适用于现有计算机环境下的计算和表达，但

其缺点是不能较好地模拟各向同性问题。元胞形状对微观组织有一定的影响，可以通过相应的算法进行调整，以减小元胞形状和大小对各向异性的影响。研究表明，通过算法调整，不同几何形状的元胞可以获得非常相近的模拟组织[11,12]。

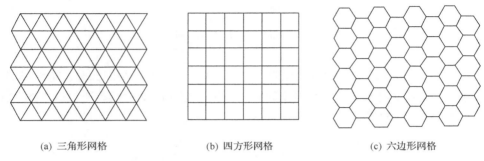

(a) 三角形网格　　　　　　(b) 四方形网格　　　　　　(c) 六边形网格

图 2.2　　二维元胞自动机网格划分

采用六边形网格进行模拟时，无法在计算机上直接运算，因此必须将六边形网格转换(或映射)成四方形网格。下面简单介绍六边形网格转换成四方形网格的方法。

第一种方法：如图 2.3 所示，六边形网格的边相当于四方形网格的边倾斜 60°，这样就使得六边形的边在四方形垂向边的尺寸缩小为原来的 $\sqrt{3}/2$。如果每个格位都与上、下、左、右、右上和左下邻居连接，那么在此变换系统中就得到六边形拓扑结构。若四方形网格的坐标是 i 和 j，网格中某一格位 r 是 (i,j) 位置，则六边形网格变换后的坐标为 (x,y)，则 x、y 与 i、j 间的关系为

$$\begin{cases} x = \lambda\left(i + \dfrac{j}{2}\right) \\ y = \lambda\dfrac{\sqrt{3}}{2}j \end{cases} \tag{2.5}$$

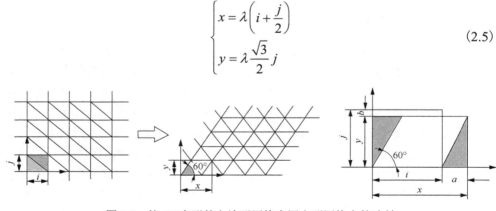

图 2.3　　按 60°变形的六边形网格在四方形网格上的映射

第二种方法：如图 2.4 所示，将网格的奇数、偶数的水平线分别进行处理。奇数线位移相对于偶数线位移增加了网格间距的一半，偶数线上的格位除了上、

下、左、右邻居外，还与右上和右下邻居连接；而奇数线上的格位与左上和左下邻居连接。其映射表达式如下。

偶数线上：

$$\begin{cases} x = \lambda i \\ y = \lambda \dfrac{\sqrt{3}}{2} j \end{cases} \tag{2.6}$$

奇数线上：

$$\begin{cases} x = \lambda \left(i + \dfrac{j}{2} \right) \\ y = \lambda \dfrac{\sqrt{3}}{2} j \end{cases} \tag{2.7}$$

式中，λ 为网格间距。当在奇数线格位时 $x = i + a$；当在偶数线格位时 $x = i$。

$$a = j \cos 30^\circ = \frac{j}{2} \tag{2.8}$$

$$b = j \cos 60^\circ = \frac{\sqrt{3}}{2} j \tag{2.9}$$

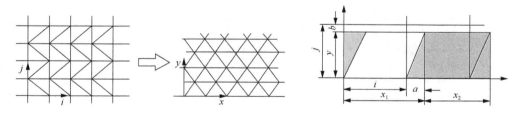

图 2.4　六边形网格在四方形网格上的映射

第一种方法的优点是对所有的 j 变换都一样，且每个格位的连通性都一样；第二种方法的优点是边界容易处理。在图 2.4 的映射中，保持了垂直方向上的周期性边界条件，而图 2.3 不是。另外，在第一种方法映射的计算机网格布局中，垂直壁被倾斜；在第二种方法中，垂直壁可以处理成垂直线。因此，尽管第二种方法更难执行，但它会更安全一些。

2.2.2　邻居和边界条件

元胞自动机演化规则是局部的，对指定元胞的状态进行更新，需要知道邻近元胞的状态，把规定的邻近元胞称为邻居。原则上，对邻居的大小没有限制，但要求邻居的大小相同。在进行动态演化时，元胞在下一时刻的状态由该元胞及其邻居元胞的状态决定。因此，在指定演化规则前，必须先定义一定的元胞邻居规则，明确哪些元胞属于该元胞的邻居。

在一维元胞自动机中，元胞左右的两个元胞称为邻居。对于二维元胞自动机的邻居定义较复杂，主要有以下几种[13]：

（1）von Neumann 型邻居，如图 2.5（a）所示。von Neumann 型邻居由一个元胞周围的上、下、左、右 4 个邻居构成。

（2）Moore 型邻居，如图 2.5（b）所示。Moore 型邻居是由 8 个邻居构成的，除上、下、左、右 4 个邻居外，还包括左上、左下、右上、右下 4 个邻居。

（3）Margolus 型邻居，如图 2.5（c）所示。Margolus 型邻居采取 2×2 的空间分块方式，块的位置分别为左上（ul）、右上（ur）、左下（ll）和右下（lr）。分块的位置随规则的迭代而变化，在奇数分块和偶数分块间交替变化，在下一次迭代时，因替换分块而将 lr 的元胞变成 ul 的元胞。

（4）Moore 扩展型邻居，如图 2.5（d）所示。Moore 扩展型邻居是在 Moore 型邻居的基础上多了一层次的邻居元胞，变成 24 个邻居元胞。

（5）Alternant Moore 型邻居，如图 2.5（e）所示。Alternant Moore 型邻居则是将 8 个邻居元胞中的左对角线和右对角线上分别交替少了两个邻居元胞，变成 6 个邻居元胞。

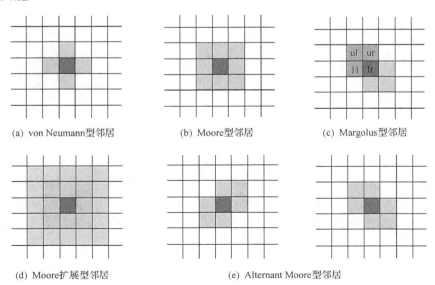

(a) von Neumann型邻居　　　(b) Moore型邻居　　　(c) Margolus型邻居

(d) Moore扩展型邻居　　　　(e) Alternant Moore型邻居

图 2.5　二维元胞自动机的邻居类型

元胞空间通常在各维上是无限延展的，这有利于理论上的推理研究，但实际上，实现这一条件是困难的，计算机是无法计算的。因此，在实际模拟时，系统必须是有限的，且必须定义不同的边界条件。显然，属于网格边界的元胞不具有与其他内部元胞一样的邻居。为了确定这些边界元胞的行为，对边界上元胞的信息进行编码，并根据这些信息来选择不同的演化规则。常用的边界条件的种类有以下几种。

(1)周期性边界条件：指相对边界之间相互连接起来的元胞空间。在一维空间中表现为一个首尾相连的圈，在二维空间中表现为上下相连、左右相接的一个拓扑圆环面。

(2)固定值边界条件：指所有边界以外的元胞都为某一固定值，如 0、1 等。

(3)对称性(映射性)边界条件：指在边界以外的邻居元胞状态是以边界为轴的镜面反射。

图 2.6 为一维边界条件，图中左边的网格为虚拟元胞。图 2.7 为二维边界条件，周期性边界条件通常假设为在二维边界条件下的左右连接和上下连接等。固定值边界条件是用预先赋值的元胞使邻居完整，这种方法使用较多。对称性(映射性)边界条件相当于在虚拟元胞中复制其他邻居值。常用的固定值边界条件有：在 $m \times m$ 的整个元胞空间内先赋值，采用零矩阵 zeros(m, m) 或全 1 矩阵 ones(m, m)，再利用程序把边界的元胞位赋值为 0 或 1。

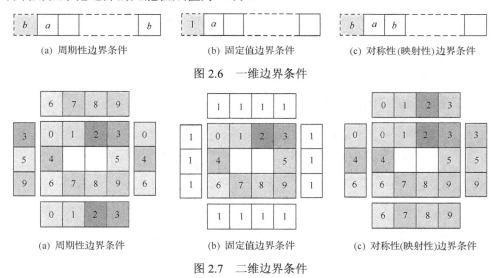

(a) 周期性边界条件　　(b) 固定值边界条件　　(c) 对称性(映射性)边界条件

图 2.6　一维边界条件

(a) 周期性边界条件　　(b) 固定值边界条件　　(c) 对称性(映射性)边界条件

图 2.7　二维边界条件

2.2.3　演化规则

元胞自动机的动力学演化规则是指根据元胞当前状态及其邻居状态，确定下一个时刻该元胞状态的动力学函数，又称状态转移函数[14]。把元胞的所有可能状态连同该元胞的状态变换规则统称为变换函数。这种函数构造了一种简单的、离散的空间、时间范围的部分物理成分[15,16]。元胞状态的转变包含物理系统动力学行为演化所遵循的客观规律，如材料科学中的结晶动力学、再结晶动力学、相变动力学、扩散动力学等行为。尽管物理结构本身每次都不发展，但它的状态在变化，例如，一维元胞自动机的数学表达式为 $S_i^{t+1} = f(S_i^t, S_N^t)$，$S_N^t$ 为 t 时刻的邻居状态组合，称 f 为元胞自动机的局部映射或局部规则；二维元胞自动机的数学表达式为 $S_{i,j}^{t+1} = f(S_{i,j-1}^t, S_{i,j+1}^t, S_{i,j}^t, S_{i-1,j}^t, S_{i+1,j}^t)$。下面介绍几类元胞自动机演化规则的变换函数。

(1) 奇偶规则，即"异或"逻辑运算的模 2 和规则，其数学表达式为

$$S_{i,j}^{t+1} = S_{i+1,j}^t \oplus S_{i-1,j}^t \oplus S_{i,j+1}^t \oplus S_{i,j-1}^t \tag{2.10}$$

(2) 二维"游戏机"规则，其数学表达式为

$$若 S_{i,j}^t = 1, \quad 则 S_{i,j}^{t+1} = \begin{cases} 1, & Q_N^t = 2,3 \\ 0, & Q_N^t \neq 2,3 \end{cases} \tag{2.11}$$

$$若 S_{i,j}^t = 0, \quad 则 S_{i,j}^{t+1} = \begin{cases} 1, & Q_N^t = 3 \\ 0, & Q_N^t \neq 3 \end{cases} \tag{2.12}$$

式中，$S_{i,j}^t$ 为 t 时刻的元胞状态；Q_N^t 为邻居中活着的元胞数。

(3) 时间隧道规则，其数学表达式为

$$\text{Sum}(t) = S_{i,j}^t + S_{i+1,j}^t + S_{i-1,j}^t + S_{i,j+1}^t + S_{i,j-1}^t \tag{2.13}$$

$$S_{i,j}^{t+1} = \begin{cases} S_{i,j}^{t-1}, & \text{Sum}(t) \in \{0,5\} \\ 1 - S_{i,j}^{t-1}, & \text{Sum}(t) \in \{1,2,3,4\} \end{cases} \tag{2.14}$$

式中，$\text{Sum}(t)$ 为 t 时刻中心元胞 $S_{i,j}^t$ 与 4 个邻居元胞（$S_{i+1,j}^t, S_{i-1,j}^t, S_{i,j+1}^t, S_{i,j-1}^t$）状态值 0 或 1 的总和；$S_{i,j}^{t+1}$ 为 $t+1$ 时刻元胞的状态。

(4) 蚂蚁规则，引入布尔型变量 $n_i(r,t)$，表示蚂蚁在 t 时刻沿网格方向 c_i 进入中心格位 r。设 $n_i = 1$ 为存在，$n_i = 0$ 为不存在，其中 c_1、c_2、c_3、c_4 为右、上、左、下 4 个方向。如果格位状态 $S_{i,j}^t = 0$ 为黑色，则 4 个蚂蚁同时从 4 个方向进入该格位，所有蚂蚁都向右转 90°；如果格位是白色，则所有蚂蚁向左转 90°。运动方程为

算，从而得到精确的定量解，这是其优势。但计算机的计算是建立在离散的基础上的，微分方程在计算时不得不对自身进行时空离散化、建立差分方程、展开成幂系列方程、截取部分展开式，或者采用某种转换用离散结构来表示连续变量。最重要的是在这个过程中，微分方程也失去了其自身最重要的特性——精确性和连续性。

元胞自动机自诞生以来，就离不开计算机，仅用笔和纸进行元胞自动机运算几乎是不可能的。借助计算机进行计算，对元胞自动机来说是非常自然的，甚至它还是并行计算机的原型。因此，在计算机已经普及应用的环境下，以元胞自动机为代表的离散计算方式在求解方面，尤其是动态系统模拟方面有着更大的优势。

元胞自动机虽然在理论上具备计算的完备性，但对满足特定目的的建模尚无完备的系统理论支持，对其构造往往是一个直觉过程。此外，用元胞自动机直接得到一个定量的结果是困难的，需要对元胞自动机获得的图形信息进行处理，来揭示演变过程中蕴含的定量规律。

2.4.3　元胞自动机对复杂物理过程的简化处理

现代西方自然科学寻求问题的解答，走的是一条把复杂问题简化的道路，这种方法与东方人通常采用的综合方法不同，称为分析方法。例如，把物质分解为分子、原子、离子、电子和基本粒子；把人体分为皮肤、毛发、脏器、血液、细胞、DNA 等。在这种思想体系的影响下，把自然界中的多种多样的力归结为四种基本作用力，弱电统一理论又把基本作用力减少至三种，把固体材料物理性质的研究简化为电子结构的能带理论和原子振动的晶格动力学理论。这些简化的趋势正在被越来越多的自然科学家和工程领域的研究者所认可，从简单的原理、原则、原点出发，逐步理解自然界的复杂性甚至理解无比复杂的生命和思维现象。显然元胞自动机对研究动力学系统等非线性问题的传统方法是一个有力的挑战，为探索复杂性提供了一种不同于传统的强有力的工具。

把复杂问题充分简化需要付出代价。物质被我们分解得越细，其整体性质越不可避免地会出现缺失，这就需要我们在研究过程中抓住大量物质基元的总体特性。过去我们在描述更复杂的金属物理过程时，会演化出形式繁杂的数学方程，抛开具体的物质基元，从总体上来描述物理世界的运动规律[24]。

运用元胞自动机进行研究可以抛开复杂的求解方式，转而采用基于物理原理的新演化规则，使得问题的本质得以充分暴露。令人兴奋的是，元胞自动机的前期探索得到了满意的结果。在运用连续方程研究金属物理世界的整体现象时，现象越丰富多彩，方程越复杂。然而，在元胞自动机模型中，金属物理世界的复杂与简单，并不是简单地与演化规则的简单与复杂呈对应关系。元胞自动机方法具有两个方面的简单性：演化规则的简单性和模型的简单性。在此前提下，能够以简单的方式揭示复杂的物理世界，让那些在令人头痛的微分方程面前徘徊不前的探索者拍案叫绝，使得那些苦苦求索于揭示自然界奥秘的创新者手中多了一点克难制胜的信心。

元胞自动机的方法表明，基本定律的简单性并不意味着结果也简单。相反，基本定律在多个基元的系统上进行长时间的作用，往往可表现出极端的复杂性，给出奥妙无穷的结构，揭示丰富多彩的事件。自然界中呈现的复杂现象并不表示基本定理应该是复杂的，而只是在于简单定律的多次重复使用，造成在物质的不同层次上出现不同的性质。

让复杂回归于简单，元胞自动机为解决简单性与复杂性之间的矛盾提供了新思路、新方法和新例证。依照这个思维轨迹，我们在面临其他矛盾和难题时也不再胆怯，如局部与整体，宏观、介观与微观，线性与非线性，确定性与随机性，静止与运动，收敛与发散等，因为我们心中有了元胞自动机的信念，脑中有了元胞自动机的思路，手中有了元胞自动机的方法，身边的计算机里有了元胞自动机的程序。

2.5　元胞自动机的程序设计方法

对于有限元模拟，人们已经开发出很多可以利用的商业软件，包括 ANSYS、MARC 和 ABAQUS 等，但是元胞自动机作为一种新的模拟方法，目前还没有现成可用的商业软件，因此只能依靠编程语言以编程的方式实现。

通常可以采用的程序语言有 Visual C++、Visual Fortran 和 MATLAB 等，相比之下采用 MATLAB 更加具有优势，因为 MATLAB 除了具有其他编程语言的共同特点外，还具有其自身的优点，例如，在数值计算(尤其是矩阵计算)和图形处理等方面占据优势[25]。本书在元胞自动机模拟计算中，正是采用 MATLAB 进行矩阵计算的，而在组织演变的动态、可视化模拟中，利用 MATLAB 图形处理功能可使编程大为简化。

参 考 文 献

[1] 何燕, 张立文, 牛静. CA 法及其在材料介观模拟中的应用. 金属热处理, 2005, 30(5): 72～76.

[2] 金文忠, 王磊, 刘相华, 等. 元胞自动机方法模拟再结晶过程的建模. 机械工程材料, 2005, 29(10): 10～13.

[3] Yang H, Wu C, Li H W, et al. Review on cellular automata simulations of microstructure evolution during metal forming process: Grain coarsening, recrystallization and phase transformation. Science China: Technological Sciences, 2011, 54(8): 2107～2118.

[4] 周成虎, 孙战利, 谢一春. 地理元胞自动机研究. 北京: 科学出版社, 1999.

[5] 何宜柱, 余亮. 元胞自动机仿真技术. 华东冶金学院学报, 1998, 15(4): 308～315.

[6] 邓小虎. 金属热变形及焊缝凝固过程的元胞自动机模拟[硕士学位论文]. 大连: 大连理工大学, 2009.

[7] Culik K, Hurd L P, Yu S. Computation theoretic aspects of cellular automata. Physica D: Nonlinear Phenomena, 1990, 45 (1-3) : 357~378.

[8] Spittle G, Brown R. Simulation of diffusional composite growth using the cellular automaton finite difference（CAFD）method. Journal of Materials Science, 1998, 33 (19) : 4769~4773.

[9] 许林, 杨湘杰, 郭洪民. 用一种宏微观耦合模型模拟铝合金凝固过程. 特种铸造及有色合金, 2004, (3) : 21~25.

[10] 许林, 郭洪民, 杨湘杰. 一种用于微观组织模拟的三维元胞自动机模型. 南昌大学学报, 2005, 27 (2) : 24~27.

[11] 郭洪民, 刘旭波, 杨湘杰. 元胞自动机方法模拟微观组织演变的建模框架. 材料工程, 2003, (8) : 23~27.

[12] 畅春玲. 元胞自动机模型应用及模糊元胞自动机[硕士学位论文]. 大连: 大连海事大学, 2005.

[13] 支颖. 板带钢热轧过程宏观行为与介观组织的综合模拟[博士学位论文]. 沈阳: 东北大学, 2008.

[14] 史忠植. 高级人工智能. 北京: 科学出版社, 1998.

[15] 李才伟. 元胞自动机及复杂系统的时空演化模拟[博士学位论文]. 武汉: 华中科技大学, 1999.

[16] 闻凯. 元胞自动机的进化与计算研究[硕士学位论文]. 南京: 南京航空航天大学, 2008.

[17] Chopard B, Droz M. 物理系统的元胞自动机模拟. 祝玉学, 赵学龙, 译. 北京: 清华大学出版社, 2003.

[18] Gardner M. The fantastic combinations of John Conway's new solitaire game of "Life". Scientific American, 1970, 223 (4) : 120~123.

[19] 张宏军. 物理系统的元胞自动机模拟[硕士学位论文]. 合肥: 合肥工业大学, 2006.

[20] Bays C. A new candidate rule for the game of three dimensional life. Complex Systems, 1992, 6: 433~441.

[21] 周奇. 元胞自动机及其在创新扩散中的应用[硕士学位论文]. 大连: 大连理工大学, 2005.

[22] Wolfram S. CA as models of complexity. Nature, 1984, 311 (4) : 419~424.

[23] Spittle G, Brown R. A 3-dimensional cellular automaton model of "free" dendritic growth. Scripta Metallurgica et Materialia, 1995, 32 (2) : 241~246.

[24] Zhu M F, Hong C P. A three dimensional modified cellular automation model for the prediction of solidification microstructures. ISIJ International, 2002, 42 (5) : 520~526.

[25] 孙祥, 徐流美, 吴清. MATLAB 7.0 基础教程. 北京: 清华大学出版社, 2005.

第3章　几种经典元胞自动机介绍

元胞自动机的程序设计是一项复杂的工作，尤其是在演化规则的确定上具有一定的难度，因为这种规则必须建立在对所研究的物理系统的定性了解基础之上。为了有助于初学者入门，下面给出一些用 MATLAB 语言编写的元胞自动机程序的简单例子，并给出其计算结果的有趣图形显示，来帮助初学者理解元胞自动机的概念、方法和应用。

3.1　生　命　游　戏

生命游戏是英国数学家 Conway 发明的一种非常著名的元胞自动机。生命游戏其实是一个零玩家游戏，它包括一个二维矩形世界，这个世界中的每个方格里居住着一个活着的或死了的元胞。一个元胞在下一时刻的生死取决于其相邻 8 个邻居方格中活着的或死了的元胞的数量[1]。

3.1.1　生命游戏的元胞自动机模型

1970 年，Conway 为了找出导致复杂行为的简单规则，设想了类似棋盘的二维四方形网格，每个元胞的周围有上、下、左、右和对角线上共 8 个邻居，如图 3.1 所示[1]。每个元胞的状态有两种：活着的状态(状态 1)或死了的状态(状态 0)。生命游戏具有如下特征：

(1)若 1 个死元胞被邻居的 3 个活元胞包围，则该死元胞复活。

(2)若 1 个活元胞由少于 3 个活元胞包围，则该活元胞因孤立而死。

(3)若 1 个活元胞由多于 3 个活元胞包围，则该活元胞因拥塞而死。

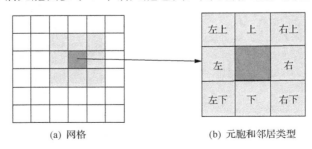

(a) 网格　　　　　　　　　(b) 元胞和邻居类型

图 3.1　二维四方形网格中的元胞和邻居类型

这相当于自然界中一个活体周围的种群数太少则很难生存而死亡，而活体周围种群数太多也会因资源匮乏很难维持生存便灭绝，这就是所说的"生命游戏"[2,3]。实际中，可以设定周围活元胞的数目使之适宜该元胞生存。如果这个数目设定过高，那么世界中的大部分元胞会因为找不到太多的活的邻居而死去，直到整个世界都没有生命。如果这个数目设定过低，那么世界中又会被生命充满而没有什么变化。因此，这个数目一般选取 2 或者 3，这样整个生命世界才不至于太过荒凉或太过拥挤，而呈现一种动态的平衡。这样的游戏规则就是：当一个方格周围有 2 个或 3 个活元胞时，方格中的活元胞在下一个时刻会继续存活，即使这个时刻方格中没有活元胞，在下一个时刻也会"诞生"活元胞。

用数学语言来对上述规则进行描述。元胞状态变量中 0 代表死亡，1 代表活着。邻居类型为周围上、下、左、右和 4 个对角线上的单元格共 8 个元胞。演化规则可表示为

$$若 S_{i,j}^t=1,\quad 则 S_{i,j}^{t+1}=\begin{cases}1,&Q_N^t=2,3\\0,&Q_N^t\neq2,3\end{cases}\tag{3.1}$$

$$若 S_{i,j}^t=0,\quad 则 S_{i,j}^{t+1}=\begin{cases}1,&Q_N^t=3\\0,&Q_N^t\neq3\end{cases}\tag{3.2}$$

式中，$S_{i,j}^t$ 为 t 时刻的元胞状态；Q_N^t 为 t 时刻邻居中活着的元胞数。

按这种规则编程计算，在反复迭代时，会出乎意料地演化出许多丰富的行为和复杂的结构，如图 3.2 所示。图中有点、线、面痕迹的表示那里是活的元胞。

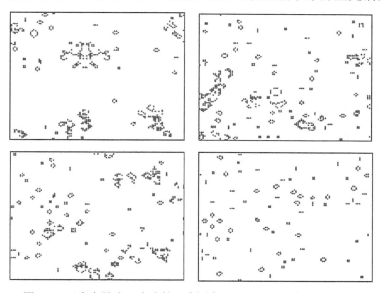

图 3.2　"生命游戏"生成的几个图案画面（MATLAB 软件生成）

3.1.2　实现生命游戏规则的计算机程序

　　上述规则虽然简单，但在给定的初始条件下，一旦变化起来，其过程和结果是十分丰富和复杂的，难以用手、眼、笔、纸来演算和记录，其中一个可行的办法是使用计算机进行模拟计算。利用 MATLAB 软件作为工具，按照上述规则编写了模拟计算程序，有兴趣的初学者可使用本程序进行"生命游戏"的模拟计算，初步体会元胞自动机的奥妙。

　　程序清单如下：

```
function lifeA(action)
play=1;
stop=-1;
if nargin<1,
    action='initialize';
end;
if strcmp(action,'initialize'),
    figNumber=figure(...
        'Name','lifeA', ...
        'NumberTitle','off', ...
        'DoubleBuffer','on', ...
        'Visible','off', ...
        'Color','white', ...
        'BackingStore','off');
    axes( ...
        'Units','normalized', ...
        'Position',[0.1 0.1 0.8 0.8], ...
        'Visible','off', ...
        'DrawMode','fast', ...
        'NextPlot','add');
cla;
    axHndl=gca;
    figNumber=gcf;
    set(axHndl, ...
        'UserData',play, ...
        'DrawMode','fast', ...
        'Visible','off');
```

```
    m=101;
    h=15;
    X=sparse(m,m);
    p=-1:1;
    for count=1:h,
        kx=floor(rand*(m-4))+2; ky=floor(rand*(m-4))+2;
        X(kx+p,ky+p)=(rand(3)>0.5);
    end;
    [i,j]=find(X);
    figure(gcf);
    plothandle = plot(i,j,'.', ...
        'Color','blue', ...
        'MarkerSize',10)
    axis([0 m+1 0 m+1]);
    n = [m 1:m-1];
    e = [2:m 1];
    s = [2:m 1];
    w = [m 1:m-1];
    moviei=0;
    lifeA='lifeA';
while get(axHndl,'UserData')==play,
    moviei=moviei+1;
```
%8个邻居中有多少个活的元胞
```
    N = X(n,:) + X(s,:) + X(:,e) + X(:,w) + ...
        X(n,e) + X(n,w) + X(s,e) + X(s,w);
    %FM=full(N) %可从稀疏存储转换为全元素存储
```
%只有活元胞被 2 个或 3 个邻居活元胞包围时，该元胞才能活
```
    X = (X & (N==2)) | (N==3);
    %FM=full(X)
```
%可视化显示.
```
    [i,j] = find(X);
    set(plothandle,'xdata',i,'ydata',j)
    drawnow
  end
end
```

上述程序可以很容易地在计算机上编程、调试、运行，也能够在计算机屏幕上直接观察到各个元胞随着时间进程的生死变化。

3.1.3　模拟计算过程的图形显示

如果把上述程序中的稀疏矩阵 sparse(m, m) 变换成全元素存储矩阵 zeros(m, m)，为了容易观察，取计算尺寸 $m=12$，循环次数 $h=15$，并把输出的 N 和 X 转换成全元素存储矩阵 full(N) 和 full(X)，则可以得到如图 3.3 所示的情况。

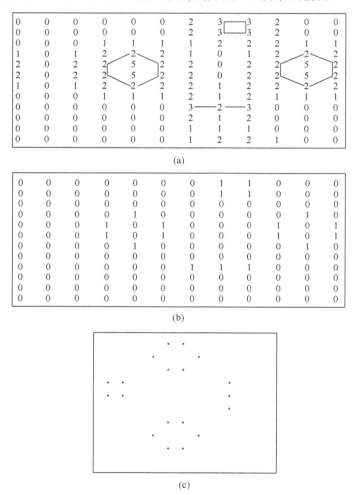

图 3.3　计算数据与图形显示

图 3.3（a）是以全元素矩阵显示的计算 8 个邻居中有多少个活元胞的数据情况；图 3.3（b）是被 2 个或 3 个活元胞包围而成活的活元胞（状态为 1）的计算结果；

图 3.3(c)是与图 3.3(b)相对应的可视化显示，两者相位差 90°。

　为了容易观察，在上述程序中设 m=11，h=5，把以稀疏矩阵表示的 sparse(m, m) 改写为以全元素存储矩阵表示的 zeros(m, m)，为使初始值在 $m \times m$ 矩阵的中心位置，设定 kx=floor$((m+1)/2)$，ky=floor$((m+1)/2)$，再令 X(kx+p, ky+p)=rand$>$0.5，如图 3.4 所示。图 3.4(a)为相对应的 X(kx+p, ky+p)=rand$>$0.5 的显示；图 3.4(b)中 FM1 为邻居元胞，FM2 为活着的元胞；图 3.4(c)为图形的可视化显示。

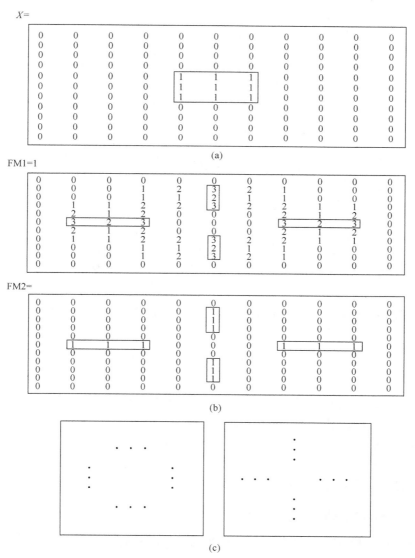

图 3.4　改变初始值时的图形构成

3.1.4　改变规则构成其他复杂图形

改变元胞状态的演化规则和初值，可以使其演变过程和结果发生改变。换言之，元胞自动机的规则和初值与其演变过程和结果有着确定的因果关系。把原有规则 $X = (X \& (N{=}{=}2)) | (N{=}{=}3)$ 改变为 $X = (X \& (N{=}{=}2)) | (N{=}{=}3) | (N{=}{=}5)$，并把初值设定为 kx=floor$((m{+}1)/2)$，ky=floor$((m{+}1)/2)$ 时，则不同迭代次数的图形结构变成如图 3.5 所示的情况。

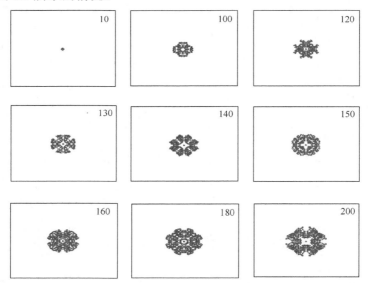

图 3.5　改变演化规则时不同迭代次数的图形构成(右上角数字代表迭代次数)

3.2　初等元胞自动机

"生命游戏"是一个具有计算通用性的元胞自动机。20 世纪 80 年代，Wolfram[4] 对一维元胞自动机进行了一系列的研究，结果表明元胞自动机是一个离散的动力学系统，因而可以在非常简单的构架下显示出许多连续系统中所遇到的行为。又因为它具有布尔代数性质(既没有数值误差，又没有传统模型的舍位)，所以可根据精确的数值计算模型来研究统计力学、概率系统等复杂问题。

3.2.1　一维初等元胞自动机的概念

Wolfram 把每个元胞记为 i，在指定的时间可能有两种状态，即 0 或 1、生或死、黑或白等，即状态数 k=2。一维元胞的邻居包括左右共 2 个。时刻 $t{+}1$ 的状态 S_i^{t+1} 只取决于时刻 t 的三个元胞状态($S_{i-1}^t, S_i^t, S_{i+1}^t$)的变量值，即

```
        elseif X(rg-1,cg-1)==1&X(rg-1,cg)==1&X(rg-1,cg+1)==0
            X(rg,cg)=0;
        elseif X(rg-1,cg-1)==1&X(rg-1,cg)==0&X(rg-1,cg+1)==0
            X(rg,cg)=1;
        elseif x(rg-1,cg-1)==0&X(rg-1,cg)==1&X(rg-1,cg+1)==0
            X(rg,cg)=1;
        elseif x(rg-1,cg-1)==0&X(rg-1,cg)==0&X(rg-1,cg+1)==1
            X(rg,cg)=1;
        else
            X(rg,cg)=0;
        end
    end
end

Y=X;
    [i,j]=find(Y);
    plot(j,i,'.', ...
    'Color','black', ...
    'MarkerSize',7);
```

3.2.3　不同演化规则产生的图形

如果源程序的演化规则改换成如下演化规则，那么可以生成如图 3.6(b)所示的图形。

```
for rg=2:m-1
    for cg=2:n-1
        if X(rg-1,cg-1)==1&X(rg-1,cg)==1&X(rg-1,cg+1)==1
            X(rg,cg)=0;
        elseif X(rg-1,cg-1)==1&X(rg-1,cg)==1&X(rg-1,cg+1)==0
            X(rg,cg)=0;
        elseif X(rg-1,cg-1)==1&X(rg-1,cg)==0&X(rg-1,cg+1)==1
            X(rg,cg)=1;
        elseif X(rg-1,cg-1)==1&X(rg-1,cg)==0&X(rg-1,cg+1)==0
            X(rg,cg)=0;
        elseif X(rg-1,cg-1)==0&X(rg-1,cg)==1&X(rg-1,cg+1)==1
            X(rg,cg)=1;
```

```
        else
             X(rg,cg)=0;
         end
     end
  end
```

如果按如下方式改变源程序的演化规则，那么可以生成如图3.6(c)所示的图形。

```
for rg=2:m-1
    for cg=2:n-1
        if X(rg-1,cg-1)==1&X(rg-1,cg)==1&X(rg-1,cg+1)==1
            X(rg,cg)=0;
        elseif X(rg-1,cg-1)==1&X(rg-1,cg)==1&X(rg-1,cg+1)==0
            X(rg,cg)=0;
        elseif X(rg-1,cg-1)==1&X(rg-1,cg)==0&X(rg-1,cg+1)==1
            X(rg,cg)=1;
        elseif X(rg-1,cg-1)==1&X(rg-1,cg)==0&X(rg-1,cg+1)==0
            X(rg,cg)=1;
        elseif X(rg-1,cg-1)==0&X(rg-1,cg)==1&X(rg-1,cg+1)==1
            X(rg,cg)=1;
        else
            X(rg,cg)=0;
        end
    end
  end
```

如果按如下方式改变源程序的演化规则，那么可以生成如图3.6(d)所示的图形。

```
for rg=2:m-1
    for cg=2:n-1
        if X(rg-1,cg-1)==1&X(rg-1,cg)==1&X(rg-1,cg+1)==0
            X(rg,cg)=1;
        elseif X(rg-1,cg-1)==0&X(rg-1,cg)==1&X(rg-1,cg+1)==1
            X(rg,cg)=1;
        elseif X(rg-1,cg-1)==0&X(rg-1,cg)==1&X(rg-1,cg+1)==0
            X(rg,cg)=1;
        else
            X(rg,cg)=0;
        end
    end
```

```
        end
    end
```

3.3　基于奇偶规则的简单元胞自动机

为了能够逐渐了解和熟悉元胞自动机的概念，下面以基于奇偶规则的简单元胞自动机为例来加以说明。

3.3.1　奇偶规则及其数学表达式

奇偶规则是 20 世纪 70 年代由 Edward Fredkin 提出的，并且建立在二维四方形网格基础上[5,6]。奇偶规则的元胞自动机的原理是：网格的每个格位为一个元胞，其位置表示为 $r=(i,j)$，其中 i 和 j 为行和列的标号，在时刻 t 每个元胞状态函数为 $S_t(r)$ 或 $S_t(i,j)$，其值为 0 或 1。根据时刻 t 元胞的状态来计算时刻 $t+1$ 元胞的状态，并按如下步骤进行：

(1) 对于每个位置 $r=(i,j)$ 的元胞状态都可表示为位于该元胞上、下、左、右 4 个最近邻居元胞的状态 S_t 的和，计算在系统 i 和 j 两个方向上循环。

(2) 如果状态值的和为偶数，则新状态 S_{t+1} 为 0（白色），否则为 1（黑色）。

从数学的角度来看，元胞自动机的奇偶规则可以写为

$$S_{t+1}(i,j)=S_{t+1}(i+1,j) \oplus S_t(i-1,j) \oplus S_t(i,j+1) \oplus S_t(i,j-1) \tag{3.4}$$

式中，符号 $\oplus$ 代表异或逻辑运算，又称模 2 和，即

$$1 \oplus 1=0, \quad 0 \oplus 0=0, \quad 1 \oplus 0=1, \quad 0 \oplus 1=1 \tag{3.5}$$

格位及最近 4 邻居如图 3.7 所示，奇偶规则及模 2 和的计算结果如表 3.2 所示。按此规则进行反复迭代运算，可以得到复杂的图形。

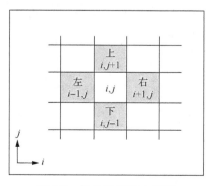

图 3.7　格位及最近 4 邻居

表 3.2 奇偶规则及模 2 和的计算结果

组合情况	邻居胞位				模 2 和	新状态值 $S_{t+1}(i,j)$
	$i+1,j$	$i-1,j$	$i,j+1$	$i,j-1$		
0 黑 4 白	0	0	0	0	0	白
1 黑 3 白	1 0 0 0	0 1 0 0	0 0 1 0	0 0 0 1	1	黑
2 黑 2 白	1 1 1 0 0 0	1 0 0 1 1 0	0 1 0 0 1 1	0 0 1 1 0 1	0	白
3 黑 1 白	1 1 1 0	1 1 0 1	1 0 1 1	0 1 1 1	1	黑
4 黑 0 白	1	1	1	1	0	白

3.3.2 奇偶规则的计算机程序

依据上述奇偶规则，编写出以下程序，来进行元胞自动机的模拟计算。

```
function aqieou(action)
play= 1;
stop=-1;
if nargin<1,
    action='initialize';
end;
if strcmp(action,'initialize'),
figNumber=figure( ...
    'Name','Simulation of Recrystallization by Cellular Automata', ...
    'NumberTitle','off', ...
    'DoubleBuffer','on', ...
    'Visible','off', ...
    'Color','white', ...
    'BackingStore','off');
  axes(...
    'Units','normalized', ...
    'Position',[0.1 0.1 0.8 0.80], ...
    'Visible','off', ...
```

```
    'DrawMode','fast', ...
    'NextPlot','add');
cla;
axHndl=gca;
figNumber=gcf;
set(axHndl, ...
    'UserData',play, ...
    'DrawMode','fast', ...
    'Visible','off');
  m=256;
  X=zeros(m,m);
  Y=X;
 for count=1:10,
    kx=floor((m+1)/2); ky=floor((m+1)/2);
    X(kx,ky)=1;
 end
  [i,j] = find(X);
  figure(gcf);
  plothandle = plot(i,j,'.', ...
    'Color','k', ...
    'MarkerSize',6);
  axis([0 m+1 0 m+1]);

moviei=0;
while get(axHndl,'UserData')==play,
  moviei=moviei+1;
  for rg=2:m-1
    for cg=2:m-1
      if X(rg+1,cg)==0&X(rg-1,cg)==0&X(rg,cg+1)==1&X(rg,cg-1)==0,
          X(rg,cg)=1;
      elseif X(rg+1,cg)==0&X(rg-1,cg)==1&X(rg,cg+1)==0&X(rg,cg-1)==0,
          X(rg,cg)=1;
      elseif X(rg+1,cg)==0&X(rg-1,cg)==0&X(rg,cg+1)==0&X(rg,cg-1)==1,
          X(rg,cg)=1;
      elseif X(rg+1,cg)==1&X(rg-1,cg)==0&X(rg,cg+1)==0&X(rg,cg-1)==0,
```

```
                X(rg,cg)=1;
        elseif X(rg+1,cg)==0&X(rg-1,cg)==1&X(rg,cg+1)==1&X(rg,cg-1)==1,
                X(rg,cg)=1;
        elseif X(rg+1,cg)==1&X(rg-1,cg)==0&X(rg,cg+1)==1&X(rg,cg-1)==1,
                X(rg,cg)=1;
        elseif X(rg+1,cg)==1&X(rg-1,cg)==1&X(rg,cg+1)==1&X(rg,cg-1)==0,
                X(rg,cg)=1;
        elseif X(rg+1,cg)==1&X(rg-1,cg)==1&X(rg,cg+1)==0&X(rg,cg-1)==1,
                 X(rg,cg)=1;
            else
                    X(rg,cg)=0;
        end
    end
 end
 Y=X;
 [i,j] = find(X);
        set(plothandle,'xdata',i,'ydata',j);
        drawnow
end
end
```

3.3.3 改写模 2 和规则的计算机程序

按照式(3.5)，改写模 2 和的计算机程序如下：

```
for rg=2:m-1
    for cg=2:m-1
            X(rg,cg)=X(rg+1,cg)+X(rg-1,cg)+X(rg,cg+1)+X(rg,cg-1);
            if rem(X(rg,cg),2)==0  %模 2 和表达式
                X(rg,cg)=0;
            else
                X(rg,cg)=1;
            end
    end
  end
```

3.3.4　迭代计算的图形

运行上述程序迭代计算，得到了不同迭代步下的图形，如图 3.8 所示。

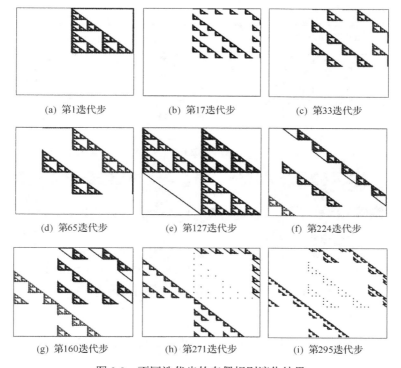

(a) 第1迭代步　　　　　　(b) 第17迭代步　　　　　　(c) 第33迭代步

(d) 第65迭代步　　　　　　(e) 第127迭代步　　　　　　(f) 第224迭代步

(g) 第160迭代步　　　　　　(h) 第271迭代步　　　　　　(i) 第295迭代步

图 3.8　不同迭代步的奇偶规则演化结果

增加邻居元胞数时可得到更精美的图案，图 3.9 为增加一个邻居元胞时的计算图案，只要改变计算模 2 和部分程序即可。改写程序如下：

```
for rg=2:m-1
    for cg=2:m-1
        X(rg,cg)=X(rg+1,cg)+X(rg-1,cg)+X(rg,cg+1)+X(rg,cg-1)+...
        X(rg-1,cg-1);
        if rem(X(rg,cg),2)==0
            X(rg,cg)=0;
        else
            X(rg,cg)=1;
        end
    end
end
```

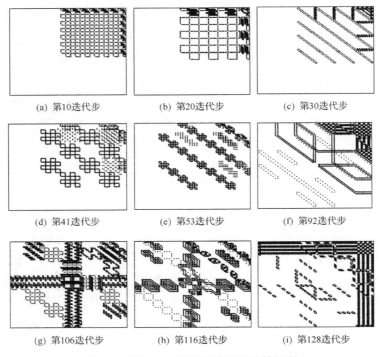

(a) 第10迭代步　　　　(b) 第20迭代步　　　　(c) 第30迭代步

(d) 第41迭代步　　　　(e) 第53迭代步　　　　(f) 第92迭代步

(g) 第106迭代步　　　　(h) 第116迭代步　　　　(i) 第128迭代步

图 3.9　增加一个邻居元胞时的计算图案

3.4　概率元胞自动机

对于每个元胞有两种状态的二维元胞自动机，当任一元胞可能以概率 p 出现（状态为 1）或以概率 $1-p$ 不出现（状态为 0）时，另一参数可能以概率 q 出现或以概率 $1-q$ 不出现，以这种方式演化的元胞自动机规则称为概率型规则[4]。

3.4.1　森林火灾模型的概率型规则

Drossel 和 Schwabl[7,8]提出的森林火灾模型，即一种元胞呈燃烧、没燃烧和被烧毁三种状态的二维元胞自动机模型。状态更新采用了概率来判定，故称概率元胞自动机规则。

状态：①空格位是以概率 p 生长的树木；②如果至少有 1 个最近邻居树在燃烧，则树木变为正在燃烧的树；③如果最近邻居的树没燃烧，则树木以概率 f 被引燃；④正在燃烧的树被烧掉，变为空格位[9]。

3.4.2　森林火灾模拟计算程序

按照上述规则，取四方形网格，采用 Moore 型邻居时的模拟计算程序如下：

```
function huozai(action)
play= 1;
stop=-1;
if nargin<1,
    action='initialize';
end
if strcmp(action,'initialize'),
    figNumber=figure( ...
        'Name','Fire trees', ...
        'NumberTitle','off', ...
        'DoubleBuffer','on', ...
        'Visible','off', ...
        'Color','w', ...
        'BackingStore','off');
    axes( ...
        'Units','normalized', ...
        'Position',[0.1 0.1 0.8 0.8], ...
        'Visible','off', ...
        'DrawMode','fast', ...
        'NextPlot','add');
    cla;
    axHndl=gca;
    figNumber=gcf;
  set(axHndl, ...
        'UserData',play, ...
        'DrawMode','fast', ...
        'Visible','off');
        m = 200;
    X=zeros(m,m);
    Y=X;
    [i,j] = find(X);
    figure(gcf);
      plothandle = plot(j,i,'.', ...
          'Color','w', ...
```

```
    'MarkerSize',10);
  axis([0 m+1 0 m+1]);
  %====================================
  moviei=0;
  huozai='huozai';
  while get(axHndl,'UserData')==play,
    moviei=moviei+1;
  p=0.1;
  f=0.00006;
%树木发生燃烧(概率 f)
%树木得到生长(概率 p)
  for rg=2:m-1
        for cg=2:m-1
            if X(rg,cg)==0
            temp=rand;
            if(temp<f)
                X(rg,cg)=0.5;
             end
          end
      end
end

  for rg=2:m-1
        for cg=2:m-1
            if X(rg,cg)==1;
            temp=rand;
            if(temp<p)
                X(rg,cg)=0;
             end
          end
      end
end
Y=X;
  for rg=2:m-1
```

```
for cg=2:m-1
    if abs(X(rg,cg))==0
        rulesel=rand;
    if(rulesel>0.5)
    if abs(X(rg,cg-1))==0.5
        Y(rg,cg)=abs(X(rg,cg-1));
    elseif abs(X(rg-1,cg))==0.5
        Y(rg,cg)=abs(X(rg-1,cg));
    elseif abs(X(rg,cg+1))==0.5
        Y(rg,cg)=abs(X(rg,cg+1));
    elseif abs(X(rg+1,cg))==0.5
        Y(rg,cg)=abs(X(rg+1,cg));
    elseif abs(X(rg+1,cg-1))==0.5
        Y(rg,cg)=abs(X(rg+1,cg-1));
    elseif abs(X(rg-1,cg-1))==0.5
        Y(rg,cg)=abs(X(rg-1,cg-1));
    elseif abs(X(rg+1,cg+1))==0.5
        Y(rg,cg)=abs(X(rg+1,cg+1));
    elseif abs(X(rg-1,cg+1))==0.5
        Y(rg,cg)=abs(X(rg-1,cg+1));
    end
else
    if abs(X(rg-1,cg))==0.5
        X(rg,cg)=abs(X(rg-1,cg));
    elseif abs(X(rg-1,cg+1))==0.5
        X(rg,cg)=abs(X(rg-1,cg+1));
    elseif abs(X(rg,cg+1))==0.5
        X(rg,cg)=abs(X(rg,cg+1));
    elseif abs(X(rg+1,cg))==0.5
        X(rg,cg)=abs(X(rg+1,cg));
    elseif abs(X(rg,cg-1))==0.5
        X(rg,cg)=abs(X(rg,cg-1));
    elseif abs(X(rg-1,cg-1))==0.5
        X(rg,cg)=abs(X(rg-1,cg-1));
```

```
            elseif abs(X(rg+1,cg+1))==0.5
                X(rg,cg)=abs(X(rg+1,cg+1));
            elseif abs(X(rg+1,cg-1))==0.5
                X(rg,cg)=abs(X(rg+1,cg-1));
            end
        end
        else if abs(X(rg,cg))==0.5
                X(rg,cg)=1;
            end
        end
      end
end
    Y=X;
    [i,j] = find(Y==0);
    plot(i,j,'.', ...
    'Color',[0 0.5 0.5], ...
    'MarkerSize',10);
    [i,j] = find(Y==0.5);
    plot(i,j,'.', ...
    'Color',[1 0.2 0.2], ...
    'MarkerSize',10);
    [i,j] = find(Y==1);
    plot(i,j,'.', ...
    'Color',[0.7 1 1], ...
    'MarkerSize',10);
    drawnow
     end
end
```

3.4.3　森林火灾模拟计算结果

当采用上述 Moore 型邻居时, 元胞自动机模型模拟森林火灾的结果如图 3.10 所示。图中墨绿色的地方表示森林的初始状态或自然恢复状态, 红色的地方表示正在燃烧的树木, 浅蓝色的地方表示森林火灾后被烧毁的部分。从图 3.10(a)可以看出, 火苗从边部燃起, 向中心蔓延, 直至区域内全部燃烧过。

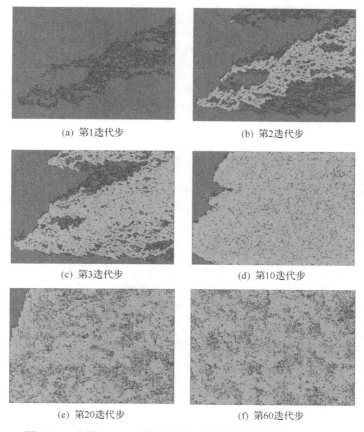

(a) 第1迭代步　　　　　　　　　(b) 第2迭代步

(c) 第3迭代步　　　　　　　　　(d) 第10迭代步

(e) 第20迭代步　　　　　　　　(f) 第60迭代步

图 3.10　选用 Moore 型邻居时的火灾模拟结果(彩图见文后)

　　选用不同邻居类型时,森林火灾模拟会有不同的结果,图 3.11 为采用 Alternant Moore 型邻居时元胞自动机模拟结果,从图中可以看出,所模拟的火灾燃烧点是在区域内随机选取的,之后火苗向周围蔓延。

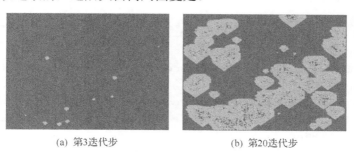

(a) 第3迭代步　　　　　　　　　(b) 第20迭代步

(c) 第30迭代步　　　　　　　　　(d) 第50迭代步

图 3.11　选用 Alternant Moore 型邻居时的火灾模拟结果（彩图见文后）

图 3.12(a) 为美国加利福尼亚森林火灾的卫星照片(2008 年)，元胞自动机模拟计算结果如图 3.12(b) 所示，两图相比较可以看出模拟结果基本可以反映真实的客观规律。

(a) 卫星图片　　　　　　　　　(b) 元胞自动机模拟计算结果

图 3.12　森林火灾模拟结果与卫星图片的对比（彩图见文后）

参 考 文 献

[1] Gardner M. The fantastic combinations of John Conway's new solitaire game "Life". Scientific American, 1970, (10)：120～123.

[2] 李才伟. 元胞自动机及复杂系统的时空演化模拟[博士学位论文]. 武汉: 华中理工大学, 1997.

[3] Dewdney A K. A cellular universe of debris, droplets, defects and demons. Scientific American, 1989, 261(2)：102～106.

[4] Wolfram S. Theory and Application of Cellular Automata. Singapore: World Scientific, 1986.

[5] Chopard B, Droz M. 物理系统的元胞自动机模拟. 祝玉学, 赵学龙, 译. 北京: 清华大学出版社, 2003.

[6] Banks E. Information processing and transmission in cellular automata. Cambridge: Massachusetts Institute of Technology, 1971.

[7] Drossel B, Schwabl F. Self-organized critical forest-fire model. Physical Review Letters, 1992, 69(11)：1629～1632.

[8] Drossel B, Schwabl F. Forest-fire model with immune trees. Physica A: Statistical Mechanics and Its Applications, 1993, 199(2)：183～197.

[9] 宋卫国, 汪秉宏, 舒立福, 等. 自组织临界性与森林火灾系统的宏观规律性. 中国科学院研究生院学报, 2003, 20(6)：205～211.

第 4 章　元胞自动机与其他数值方法的耦合

对金属材料成形过程模拟的研究有着不同的空间尺度范围，包括宏观层次、介观层次和微观层次。虽然各层次的计算机模拟都有自己独特的优势，但是各个层次的模拟也有其自身所不能及之处。目前，研究宏观现象可用有限元及有限差分等数值方法，研究介观现象可用元胞自动机方法，研究微观现象可用晶体塑性力学或晶体塑性有限元法。如何将不同尺度的模拟方法结合起来，发挥各自的优势，实现对成形过程的综合模拟，是材料成形过程进行多尺度模拟研究中一项有意义的工作。本章主要介绍采用元胞自动机与其他数值方法对金属材料宏观现象与介观组织进行耦合模拟的思路与方法。

4.1　有限差分法

4.1.1　有限差分法概述

有限差分法(finite difference method，FDM)[1-3]是用于微分方程定解问题求解的一种数值方法，其基本思想是将区域离散处理之后，用差分、差商近似地代替微分、微商，用有限个未知量的差分方程组近似代替连续变量的微分方程和定解条件，将差分方程组的解作为微分方程定解问题的近似解[4-7]。

4.1.2　求解过程

求解传热问题是有限差分法应用的一个经典案例，下面就以此为例对有限差分法加以介绍。在确定所研究非稳态导热问题的微分方程及定解条件之后，采用有限差分法近似求解温度场时，一般遵循以下求解步骤(图 4.1)[8,9]：

(1)区域的离散化处理，包括空间和时间的离散化。

(2)构造差分格式，根据导热微分方程对内节点建立差分方程，同时把定解问题的初始条件与边界条件以差分形式表示，与内节点的差分方程一起构成差分格式。建立差分方程时应考虑其截断误差，同时差分方程还必须具有稳定性。建立差分格式后，就把原来的偏微分方程定解问题化为代数方程组。

(3)选用适当的计算方法求解该代数方程组。

(4)将求解过程用计算机编程，计算获得非稳态导热过程的温度分布。

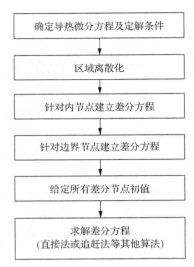

图 4.1　有限差分法求解过程

4.1.3　差分格式的截断误差

通常把一个连续函数 $f(x)$ 的增量与自变量增量的比值称为有限差商。对于一阶微商，用差商代替微商有三种形式：向前差商、向后差商和中心差商。对函数 $f(x)$ 进行泰勒级数展开，可以得出一阶微商与三种差商形式的关系式[4,9-13]分别如下。

向前差商：

$$\frac{\mathrm{d}f}{\mathrm{d}x} = \frac{f(x + \Delta x) - f(x)}{\Delta x} + O(\Delta x) \tag{4.1}$$

向后差商：

$$\frac{\mathrm{d}f}{\mathrm{d}x} = \frac{f(x) - f(x - \Delta x)}{\Delta x} + O(\Delta x) \tag{4.2}$$

中心差商：

$$\frac{\mathrm{d}f}{\mathrm{d}x} = \frac{f(x + \Delta x) - f(x - \Delta x)}{2\Delta x} + O(\Delta x^2) \tag{4.3}$$

式(4.1)～式(4.3)中的最后一项是用差商代替微商的截断误差，即舍去泰勒级数的高阶项所引起的误差，向前差商和向后差商格式的截断误差是 Δx 的同阶小量

$O(\Delta x)$，中心差商格式的截断误差是 Δx^2 的同阶小量 $O(\Delta x^2)$。

同理，对于二阶微商可有

$$\frac{\mathrm{d}^2 f}{\mathrm{d}x^2} = \frac{f(x+\Delta x) - 2f(x) + f(x-\Delta x)}{\Delta x^2} + O(\Delta x^2) \tag{4.4}$$

这是二阶中心差商格式，其截断误差是 Δx^2 的同阶小量 $O(\Delta x^2)$。二阶差商也有向前差商和向后差商格式，但应用最普遍的还是中心差商格式。

由此可见，利用有限差商代替微商，必然会引入截断误差，利用不同的差商格式代替微商所引起的误差是不同的。

4.1.4　差分格式的稳定性

在使用每一种差分格式之前，要分析其相容性、收敛性和稳定性。根据 Lax 等价定理：对于适定的定解问题(即定解问题的解存在、唯一并且稳定)，一个与它相容的差分格式的稳定性是这个差分格式收敛的充分必要条件[2,3,7,8]。因此，只需分析差分格式的稳定性即可。

差分格式的稳定性是指当问题的定解条件(即初始条件和边界条件)产生微小误差时，差分格式最终解的误差是否也是微小的。若是微小的，则称为稳定，否则称为不稳定。分析差分格式稳定性问题具有重要的实际意义：一方面是实际给定的初始条件和边界条件很多都是实测数据，这些实测数据总是不可避免地含有一定的误差；另一方面计算机在进行数值计算时，不可避免地会有舍入误差。如果这些误差在计算中不断被放大，导致解的不稳定，则得到的数值结果是毫无意义的。总之，一切有实际意义的差分格式应该是稳定的[9]。

4.1.5　步长的选取

理论上有限差分空间步长及时间步长越小，截断误差越小，计算结果越接近于精确解，但所需的计算机内存及计算时间越多，并且当过分减小步长时，会导致累积的舍入误差增加，结果反倒精度不高，使整个计算事倍功半。此外，空间步长和时间步长之间的关系还受差分格式稳定性的限制。因此，差分步长的选取要在满足稳定条件的基础上，结合实际要求的精度合理确定，过小的步长是没有必要的[3,4,9]。

4.2　有限元法

有限元法(finite element method，FEM)是从应用电子计算机进行结构力学中的矩阵法计算而发展起来的。这种离散化的数值计算方法的基本思想[14]虽然在20世纪40年代初就已经提出，但直到50年代中期，Turner、Clough等才将此种方法用来求解实际问题。"有限元法"这一术语是Clough在1960年首次使用的。近年来，有限元法在工程问题的很多领域中得到广泛应用，成为目前最流行的、卓有成效的数值计算方法。由于塑性变形理论和计算机技术的发展，用有限元法求解塑性加工问题得到了越来越广泛的应用，目前根据材料本构关系的不同有弹塑性有限元法、黏塑性有限元法、刚塑性有限元法[15]。

4.2.1　弹塑性有限元法概述

20世纪60年代末，Marcal[16]和山田嘉昭[17]由屈服准则的微分形式和法向流动法则推导出弹塑性矩阵，此后弹塑性有限元法迅速发展起来。随后不少研究者用弹塑性有限元法对锻压、挤压、拉拔和平板轧制等塑性加工成形问题进行了分析，得到了工件中塑性变形区的扩展过程，工件中的应力、应变分布以及加工力等结果。但是为了保证精度和解的收敛性，在用弹塑性有限元法时，每次加载不能使许多单元同时屈服(以1~2个单元屈服为好)，这就使得每次计算时的变形量不能太大。这样，当计算塑性加工过程的大变形时，所需计算时间就较长。

4.2.2　黏塑性有限元法概述

黏塑性有限元法是由Zienkiewicz等[18]发展起来的，并首先应用于求解轧制问题。其基本特点是采用Perzyna的黏塑性本构关系，用罚函数法或取泊松比逼近0.5(如0.495~0.49995)的方法来处理不可压缩条件，在接触表面布置一排很薄的单元来处理摩擦条件。徐春光[19]曾用这种方法解析了薄板轧制的平面变形问题。在后来的发展中，黏塑性有限元法没有弹塑性有限元法和刚塑性有限元法应用广泛。

4.2.3　刚塑性有限元法概述

用有限元法分析金属成形过程中采用刚塑性材料模型，这就是刚塑性有限元法[15]。刚塑性有限元法一般是从刚塑性材料的变分原理或上界定理出发，按有限元模式把能耗率泛函表示为节点速度的非线性函数，利用数学上的最优化理论得出满足极值条件的最优解，从而进一步利用塑性力学的基本关系式得出应力场、温度场以及各种变形参数和力能参数。与弹塑性有限元法相比，刚塑性有限元法在求解过程中没有应力的累积误差，不存在要求单元逐步屈服问题，因而可用数目较少的单元来求解大变形问题，其计算和处理问题的复杂程度比弹塑性有限元法大为简化，为各类金属成形过程的理论分析提供了一种强有力的新工具。

刚塑性有限元法的发展可以追溯到 20 世纪 60 年代后期。1967 年，Hayes 和 Marcal[20]利用上界定理和刚塑性材料模型对平面应力条件下有孔板的拉伸用有限元法做了极限分析。但初期的刚塑性有限元法求不出静水压力，因而也求不出应力分布。为了求解应力并处理体积不可压缩条件对运动许可速度场的限制，后来的研究者提出了几种不同的处理方法，典型的有 Lagrange 乘数法、罚函数法、可压缩法等。这些方法的出现使刚塑性有限元法在理论体系上更为完善，对问题的分析处理更加有力，大大促进了刚塑性有限元法在求解各类金属成形过程参数中的应用。

4.2.4　刚塑性有限元法求解方法

用刚塑性有限元法进行金属成形求解可分为以下几个步骤[21]：

(1)把研究对象划分为由若干节点构成的有限个单元。

(2)进行节点和单元调查，明确各个单元与变形区的关系以及单元内节点编号与整体节点编号的关系。

(3)取节点速度作为基本未知量，把各单元的能耗率泛函表示为各单元节点速度的函数。

(4)把所有单元组装起来，把总能耗率泛函表示为变形区所有节点的节点速度的函数。

(5)设定一个满足运动许可条件的初始速度场作为初始解，以单元为单位，利用该速度场算出各个单元的应力场和应变场，进而算出各个单元的能耗率泛函，由全部单元的能耗率泛函累加得到总能耗率泛函。

(6)根据变分原理，求解满足总能耗率泛函最小值或极值条件的运动许可速度场。

(7)判定收敛条件，不满足收敛条件时，把当前解作为新的初始速度场，重复上述求解过程，直到满足收敛条件或者不收敛的中断条件停止计算。

(8)把满足收敛条件的速度场(各个节点的速度值)作为最终解，利用塑性力学的基本关系从速度场中求出变形速度场和应力场。

(9)对速度场和应力场进行积分、平均等数学处理，从中获得成形力学参数和变形参数。

(10)计算结果的后处理，画出场变量(速度场、应力场、应变场)的等值线图，输出关键参数表格等。

4.3　元胞自动机与其他数值方法的耦合模拟

目前，采用有限元等数值方法能够模拟金属材料成形过程的温度场、速度场及应力应变场，这已经是国内外比较成熟的研究方法，但这仅仅计算了金属材料成形过程宏观行为的特征，对于其介观组织演变的模拟，单单用有限元法等数值方法是很难办到的。

元胞自动机能够模拟材料介观组织演变，已经在金属凝固和再结晶过程、连续冷却中奥氏体向铁素体转变过程等方面得到了应用。但是由于没有考虑实际成形过程中的变形不均匀及温度场的变化等宏观因素，目前还没有得到精确的定量计算结果。如果将有限元法模拟的宏观结果(温度场、应变场等)作为元胞自动机模拟的初始条件，与元胞自动机相结合模拟材料成形过程的组织演变，将能更加真实地反映材料内部的组织演变。同时由于介观组织的变化，对宏观行为的温度和流变应力等也有一定的影响。不难看出，将有限元法与元胞自动机结合起来综合模拟材料成形宏观行为与介观组织具有十分重要的意义。

作者用有限元法与元胞自动机组合方法对板带钢热轧过程宏观行为与介观组织进行了综合模拟，其模拟计算流程如图 4.2 所示，综合模拟的具体做法如下：

(1)给定轧制工艺条件，准备原始数据。

(2)用有限元法求解，得到轧制过程的温度场和应力应变场。

(3)在轧制变形区和轧后的一段轧件上，选择特征线、特征点，作为元胞自动机模拟的微元。根据有限元模拟计算结果确定各特征点的定解条件，利用元胞自动机模拟各特征点的再结晶以及相变过程的组织演变，由元胞自动机模拟结果能够得到晶粒尺寸、流变应力、相变产物等。

(4)判定流变应力的收敛条件，元胞自动机模拟得到流变应力 σ_{CA} 与有限元模拟应变场时设定的初始流变应力 σ_0 的差值，如果该差值的绝对值小于预先给定的微小值 δ_1，则认为收敛继续进行，否则重新设定 σ_0 并重新计算应变场。

(5)判定温度场收敛条件，当有相变发生时，会有相变潜热产生，对温度场有一定影响。此时要重新用有限元法计算考虑相变潜热的温度场 T'，并与未考虑相变时有限元法计算的温度场 T 相比较，判断其差值的绝对值是否小于预先给定的微小值 δ_2，若满足条件则继续，否则重新计算温度场。

(6)当上述两个收敛条件均满足时，整理模拟计算结果，得到宏观工艺参数及介观组织特征。

按照上述思路和流程可以进行轧制过程宏观行为与介观组织的综合模拟。

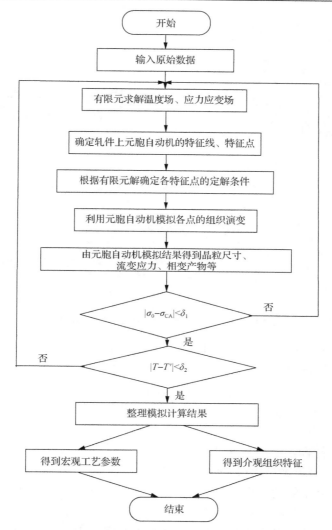

图 4.2　板带钢热轧过程宏观行为与介观组织综合模拟计算流程图

　　图 4.3 为有限元法与元胞自动机组合方法对板带钢热轧过程进行宏观参数与再结晶介观组织的综合模拟结果。把板材的轧制变形区和轧件出变形区后的一段时间作为研究对象，按照图 4.3 选取特征线及特征点，把对象空间内各个特征点处所有微元模拟得到的组织演变状态联系起来，可以得到能够反映轧制过程综合模拟结果的全景展示，或称为组织演变过程的再现。图 4.3 再现了采用有限元与元胞自动机相结合的方法模拟轧制过程中轧件介观组织在变形前、变形过程中和轧制变形后的变化情况。

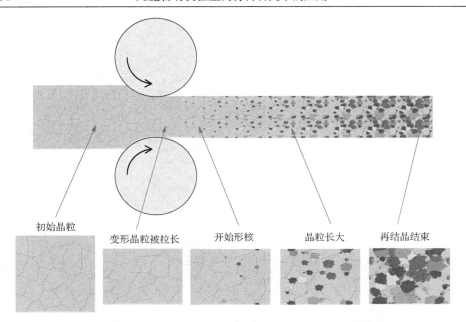

图 4.3　不同宏观场下再结晶介观组织模拟的动态展示图(彩图见文后)

从再结晶介观组织演变展示图中可以得到以下信息:

(1)显示了再结晶的开始和结束过程。

(2)直接看到再结晶晶粒形核的位置及其空间分布。

(3)直观了解再结晶晶粒长大的景象。

(4)直接看出再结晶晶粒尺寸的分布。

(5)直接看出再结晶晶粒的形貌特征。

(6)直观了解再结晶体积分数的变化过程。

再结晶介观组织的元胞自动机模拟结果是一个以一定时间间隔的密集图像集合,如果把这些图像在计算机屏幕(或其他显示装置)上播放出来,即可使人们直观地看到动态、连续变化的晶粒形核、生成与长大过程,实现再结晶过程的可视化描述。有限元法与元胞自动机综合模拟能够实现轧件组织演变过程的定量化表征、可视化描述和连续化动态展示,为认识和把握轧制及冷却过程的介观组织演变规律提供了一个新工具。

从有限元法与元胞自动机组合方法的综合模拟结果可见,宏观工艺参数对介观组织演变的影响规律可以由多尺度模拟的方法来获得,不仅能够获得晶粒尺寸等传统分析方法得到的参数,也能够获得晶粒形状、局部晶粒尺寸分布、流变应力及介观组织演变展示图等用传统分析方法难以获得的信息。模拟结果可以指导实验,减少实验消耗量,加深对板带钢轧制过程组织演变深层规律的认识,对产品开发和工艺优化具有指导作用。

　　需要指出的是，目前用有限元法与元胞自动机组合方法在计算速度、动力学模拟准确性等方面具有优势，但还不能处理好位错、滑移等微观现象，因此需要进一步完善和探索元胞自动机与其他数值方法(如晶体塑性有限元法等)的耦合模拟，以便实现对金属材料各种组织性能演变现象全方位的深入研究。

参 考 文 献

[1] 俞昌铭. 热传导及其数值分析. 北京: 清华大学出版社, 1981.

[2] 陆金甫, 关治. 偏微分方程数值解法. 2 版. 北京: 清华大学出版社, 2004.

[3] 李立康, 於崇华, 朱政华. 微分方程数值解法. 上海: 复旦大学出版社, 1999.

[4] 刘庄, 吴肇基, 吴景之, 等. 热处理过程的数值模拟. 北京: 科学出版社, 1996.

[5] 孔祥谦. 有限单元法在传热学中的应用. 3 版. 北京: 科学出版社, 1998.

[6] 克罗夫特 D R. 传热的有限差分方程计算. 张风禄, 译. 北京: 冶金工业出版社, 1982.

[7] 陆金甫, 顾丽珍, 陈景良. 偏微分方程差分方法. 北京: 高等教育出版社, 1988.

[8] 胡祖炽, 雷功炎. 偏微分方程初值问题差分方法. 北京: 北京大学出版社, 1988.

[9] 于明. 中厚板轧后冷却过程温度场解析解研究与应用[博士学位论文]. 沈阳: 东北大学, 2008.

[10] 辛啟斌. 材料成形计算机模拟. 北京: 冶金工业出版社, 2006.

[11] 杨世铭, 陶文铨. 传热学. 3 版. 北京: 高等教育出版社, 1998.

[12] 赵镇南. 传热学. 北京: 高等教育出版社, 2002.

[13] 贾力, 方肇洪, 钱兴华. 高等传热学. 北京: 高等教育出版社, 2003.

[14] 乔端, 钱银根. 非线性有限元及其在塑性加工中的应用. 北京: 冶金工业出版社, 1990.

[15] 刘相华. 刚塑性有限元及其在轧制中的应用. 北京: 冶金工业出版社, 1994.

[16] Marcal P V. A stiffness method for elastic-plastic problems. International Journal of Mechanical Sciences, 1965, 7(4): 229~238.

[17] 山田嘉昭. 弹性问题におる刚性マトリクス. 生产研究, 1967, 19(3): 75~76.

[18] Zienkiewicz O C, Godbole P N. Flow of plastic and visco-plastic solids with special reference to extrusion and forming processes. International Journal for Numerical Methods in Engineering, 1974, 8(1): 3~16.

[19] 徐春光. 用有限单元法研究金属粘塑性稳态流动问题. 固体力学学报, 1984, 4: 602.

[20] Hayes D J, Marcal P V. Determination of upper bounds for problems in plane stress using finite element techniques. International Journal of Mechanical Sciences, 1967, 9(5): 245~251.

[21] 刘相华. 刚塑性有限元: 理论、方法及应用. 北京: 科学出版社, 2013.

第 5 章　金属凝固过程的元胞自动机模拟

金属凝固过程的数值模拟包括宏观模拟和微观模拟，宏观模拟主要是指温度场、浓度场、流场等的模拟，微观模拟主要是指组织形核和生长过程的模拟。凝固过程宏观模拟是采用有限元法或有限差分法对铸件凝固过程中发生的传热、溶质扩散及动量传输等宏观传输过程进行模拟，该方法可以计算出铸件凝固时的温度场、溶质场、速度场。通常将这种方法与元胞自动机方法结合，由宏观模拟传输过程计算出凝固条件，再采用元胞自动机方法再现组织形核及生长，以预测铸坯在不同凝固条件下的微观组织[1]。本章主要介绍元胞自动机在金属凝固研究中的应用方法，并以连铸小方坯凝固过程为例详细阐述采用有限元法与元胞自动机耦合模拟其组织演变的方法。

5.1　金属凝固基本理论与数学模型

凝固是控制金属的性能和提高铸坯质量的重要工艺过程。组织和性能好坏与铸坯的结晶有着极为密切的关系，如晶粒的大小、形状、分布等都对后续加工与热处理过程产生重要的影响，组织状态不同，得到的材料性能也就不同。凝固组织模拟的目的是通过控制和调整影响宏观和微观组织的因素，来达到对材料力学性能的预测，并确定和选择最优的工艺条件[2]。在金属凝固模拟的研究中，最重要的是对凝固过程温度场及微观组织演化的模拟。凝固过程的模拟主要有两个方面：一是宏观冷却传热过程模拟，二是微观组织结晶过程模拟。宏观冷却传热过程模拟通常采用有限元法、有限差分法和边界元法(boundary element method，BEM)等，微观组织结晶过程模拟主要采用元胞自动机方法等。

5.1.1　凝固过程温度场模拟的数学模型

过冷度是凝固能否进行的驱动力，是决定最终凝固组织的关键因素，是对微观组织进行模拟的基础。因此，要模拟微观组织，首先要对传热过程进行模拟计算。

在匀质各向同性的条件下，作为一个有热源的非稳态传热过程，凝固过程的传热可以用以下微分方程来描述[3]：

$$\frac{\partial}{\partial x}\left(\lambda\frac{\partial T}{\partial x}\right)+\frac{\partial}{\partial y}\left(\lambda\frac{\partial T}{\partial y}\right)+\frac{\partial}{\partial z}\left(\lambda\frac{\partial T}{\partial z}\right)+\dot{q}=c\rho\frac{\partial T}{\partial t} \tag{5.1}$$

式(5.1)反映了热传导过程中能量的守恒，忽略凝固过程中拉坯方向的传热，可建立的二维直角坐标系下凝固热传导过程的基本控制方程如下：

$$\frac{\partial}{\partial x}\left(\lambda\frac{\partial T}{\partial x}\right)+\frac{\partial}{\partial y}\left(\lambda\frac{\partial T}{\partial y}\right)+\dot{q}=c\rho\frac{\partial T}{\partial t} \tag{5.2}$$

式中，λ 为导热系数，$W/(m^2 \cdot K)$；T 为热力学温度，K；$\dot{q}$ 为单位体积物体单位时间内释放的热，也称热流密度，W/m^2；c 为比热容，$J/(kg \cdot K)$；ρ 为密度，kg/m^3；t 为时间，s。

热量的传输实质上是热传导、对流换热和辐射换热三种基本传热方式的不同组合[4]。

(1)热传导。热传导是指物体由于内部固液相接触以及与外部接触存在温度梯度而发生的热量传输现象，用导热系数来表征。导热系数是热流密度与温度梯度之比，主要与温度和钢种有关。对于金属凝固过程，一般将固相区的导热系数视为常数或温度的线性函数；而液相区由于流动引起液态金属强制对流运动，需要考虑其对流换热对导热的影响。等效导热系数的表达式为

$$\lambda^{*}=\begin{cases}m\lambda, & T \geqslant T_1 \\ (\lambda+m\lambda)/2, & T_s \leqslant T \leqslant T_1 \\ \lambda, & T \leqslant T_s\end{cases} \tag{5.3}$$

式中，λ^* 为补偿对流换热的等效导热系数，$W/(m^2 \cdot K)$；m 为经验常数，$m=4\sim8$；T_1 为液相线温度，K；T_s 为固相线温度，K。

(2)对流换热。对流换热是指流体即液态金属与结晶器、空气等由于发生接触而产生热量传递的过程，用对流换热系数来表征，主要用牛顿冷却定律[5]来描述：

$$q_1=h(T_\omega-T_\alpha) \tag{5.4}$$

式中，q_1 为空冷区铸坯边界热流密度，W/m^2；h 为铸坯边界与空气的对流换热系数，$W/(m^2 \cdot K)$；T_ω 为铸坯表面温度，K；T_α 为环境空气温度，K。

(3)辐射换热。热辐射是指物体以电磁波辐射的方式向外界传递热量的过程，主要采用 Stefan-Boltzmann 定律[6]来描述。其中辐射散热热流密度计算公式为

$$q_2=\varepsilon k_{\text{S-B}}(T_\omega^{\ 4}-T_\alpha^{\ 4}) \tag{5.5}$$

式中，ε 为铸坯黑度系数(0.7～0.8)，取 0.8；$k_{\text{S-B}}$ 为 Stefan-Boltzmann 常量，$5.67\times10^{-8}\,W/(m^2 \cdot K^4)$。

铸坯的凝固过程如图 5.1 所示，钢液经过结晶器→二冷区→空冷区三个冷却

区域。在每个冷却区域中，铸坯以不同的传热方式将热量从凝固前沿传递到外界，最后实现完全凝固。

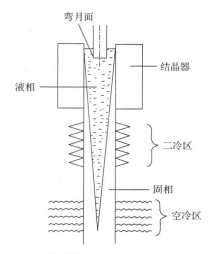

图 5.1　铸坯凝固过程三个冷却区域示意图

（1）结晶器。结晶器内主要考虑热传导对凝固的影响，有诸多学者对结晶器内传热模型的建立进行了大量的研究。

Lait 等[7]通过实测不同浇注条件下的热流密度得出平均热流密度为

$$\overline{q} = 2680 - 221.9\sqrt{t} \qquad (5.6)$$

蔡开科等[8,9]采用以下公式计算平均热流密度：

$$\overline{q} = 2680 - 276\sqrt{t} \qquad (5.7)$$

Savage 和 Pritchord[10]的实验研究给出了在静止水冷结晶器条件下，铸坯与结晶器界面间局部热流密度 q 与钢液停留时间的关系式，该式在振动结晶器的传热数学模型中也得到了广泛的应用，可以采用：

$$q = 2680 - 335\sqrt{t} \qquad (5.8)$$

式中，q 为结晶器瞬时热流密度，W/m^2；t 为铸坯在结晶器内的停留时间，s。

（2）二冷区。铸坯离开结晶器，其表面凝固成一定厚度的坯壳，而中心仍为高温钢水。进入二冷区，铸坯接受喷水冷却，水流与铸坯表面间的传热受喷水强度、铸坯表面状态（表面温度、氧化铁皮）、冷却水温度和水流运动速度等多种因素的影响[11]。在二冷区主要是通过冷却水带走热量，其热流密度为

$$q = h(T_\omega - T_b) \tag{5.9}$$

式中，T_ω 为铸坯表面温度，K；T_b 为冷却水温度，K；h 为二冷区换热系数，W/$(m^2 \cdot K)$。

(3) 空冷区。在空冷区内主要以辐射换热的方式散热，同时存在一定程度的自然对流换热，因此空冷区平均热流密度应考虑这两方面[11]。由式 (5.4) 和式 (5.5) 可得铸坯在空冷区总的表面热流密度为

$$q = q_1 + q_2 = h\left(T_\omega - T_\alpha\right) + \varepsilon k_{S\text{-}B}\left(T_\omega^4 - T_\alpha^4\right) \tag{5.10}$$

5.1.2　凝固过程微观组织模拟的数学模型

一般来说，凝固过程组织模拟可以从三个尺度来考虑[12]：

(1) 宏观尺度。数量级在毫米级到米级，主要是模拟缩孔、裂纹等宏观组织特征，对预测产品表面质量具有重要意义。

(2) 介观尺度。数量级在微米级到毫米级，主要是模拟晶粒尺寸以及晶粒类型等组织现象，对预测产品的力学性能有重要意义。

(3) 微观尺度。数量级在微米级以下，该尺度研究一般应用于固液界面动力学的精确描述。

凝固过程从宏观上来看是形核和长大相互重叠进行的结果，从晶粒尺度上却是严格地区分为形核和长大两个阶段，本章从晶粒尺度模拟金属凝固过程。下面分别介绍形核和生长过程中的数学模型。

1. 形核动力学

根据经典形核理论，形核可以分为匀质形核与非匀质形核[13]。一般情况下，匀质形核只有在液态金属绝对纯净、内部没有任何杂质且不与容器发生接触时才有可能发生。在工程应用中匀质形核并不多见。在绝大多数情况下，金属凝固形核都是以非匀质形核方式进行的，因为在金属液体中存在着悬浮于液体中的夹杂颗粒、金属表面的氧化膜以及铸型的内表面等对形核具有催化作用的现成界面[14]。它们的存在大大降低了形核所需的过冷度，使金属凝固在较小的过冷度下就能形核生长。

在非匀质形核中，液相中的原子团在形核界面上在表面张力的作用下形成球冠，如图 5.2 所示[14]，其中 θ 为润湿角，$\cos\theta$ 是衡量晶体在夹杂颗粒表面上扩展倾向的一个重要参考，σ_{sc} 是固相与夹杂间界面张力，σ_{1c} 是液相与夹杂间界面张力，σ_{1s} 是液固界面张力，r 为球冠半径。当晶核稳定存在时，三种界面张力在交点处达到平衡。

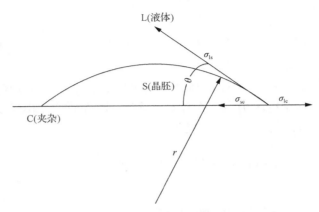

图 5.2　非匀质形核示意图

在一定的过冷度下，出现具有临界曲率半径的晶核时，球冠中含有的原子数比同样曲率半径的球体晶体中所含有的原子数要少得多。同时，由于依附于形核基底，形核所需界面能减小，临界形核功也减小。因此，在过冷度较小时，非匀质形核便可以先于匀质形核开始[15]。因为在非匀质形核过程中，形核是在外来的基底上进行的，所以形核基底的数量和类型决定着形核的数量。

衡量液态金属的形核能力，一般用形核率表示，它是表征形核规律并对凝固组织具有重要影响的量化指标。在一定过冷度下，形核率表示为单位体积金属液中每秒钟产生的晶核数。根据经典形核理论，形核率为[16]

$$I = I_0 \exp\left(-\frac{\Delta G_n^* + \Delta G_d}{k_B T}\right) \tag{5.11}$$

$$\Delta G_n^* = \frac{16\pi}{3} \frac{\sigma^3 T_m^2}{L^2} \frac{1}{(\Delta T)^2} \tag{5.12}$$

式中，I 为形核率；I_0 为指数项前的因子，由于指数项的影响很大，I_0 可近似看成常数；ΔG_n^* 为临界形核自由能，J；ΔG_d 为原子越过固液界面的扩散激活能，J；k_B 为 Boltzmann 常量；T 为热力学温度，K；σ 为新相与母相之间的界面能，J；T_m 为理论结晶温度，K；L 为熔化潜热，J/kg；ΔT 为过冷度，K。

考虑到非均匀形核因素，临界形核自由能计算公式为[14]

$$\Delta G_n^* = f(\theta) \frac{16\pi}{3} \frac{\sigma^3 T_m^2}{L^2} \frac{1}{(\Delta T)^2} \tag{5.13}$$

$$f(\theta) = \frac{1}{4}\left(2 - 3\cos\theta + \cos^3\theta\right) \tag{5.14}$$

式中，θ 为润湿角，也称接触角，(°)。

　　根据形核率随过冷度的变化情况，对非匀质形核的处理有两种方法，即瞬时形核和连续形核[17]，如图 5.3 所示。瞬时形核模型指溶液达到临界形核过冷度时，形核数瞬间达到最大值，形核数量取决于过冷度和外来有效形核基底数。瞬时形核模型可以简便地计算液态金属凝固过程中的固相率，但不能解释凝固过程中其他条件对最终晶粒大小、形态的影响，不能准确预测晶粒度。

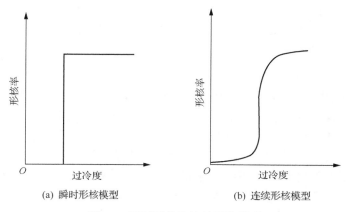

图 5.3　瞬时形核和连续形核模型

　　连续形核模型是在实验基础上建立起来的，但只有在过冷度较小时比较准确，同时运算较之瞬时形核模型更为复杂，主要有以下几种形式：

　　(1) Oldfield[18]于 1966 年在模拟灰铸铁共晶生长时提出能够反映形核的全过程，可预测晶粒尺寸连续分布的数学模型，其数学表达式为

$$I = A(\Delta T)^n \tag{5.15}$$

式中，I 为形核率，m^{-3}；A 为系数，取决于实验条件；ΔT 为熔体过冷度；n 为指数。

　　(2) Rappaz 等[19,20]在 19 世纪 80 年代提出了基于高斯分布并考虑了形核位置不同的准连续形核模型，其数学表达式为

$$N(\Delta T) = \int_0^{\Delta T} \frac{\mathrm{d}N}{\mathrm{d}(\Delta T)} \, \mathrm{d}(\Delta T) \tag{5.16}$$

$$\frac{\mathrm{d}N}{\mathrm{d}(\Delta T)} = \frac{N_{\max}}{\sqrt{2\pi}\Delta T_{\sigma}} \exp\left[-\frac{(\Delta T - \Delta T_{\max})^2}{s\Delta T_{\sigma}^{\,2}}\right] \tag{5.17}$$

式中，$N(\Delta T)$ 为过冷度 ΔT 时的晶核密度；$\dfrac{\mathrm{d}N}{\mathrm{d}(\Delta T)}$ 为形核数的变化；$N_{\max}$ 为异质形核衬底数目，m^{-3}；$\Delta T_{\max}$ 为最大形核过冷度，K；ΔT_{σ} 为标准方差过冷度，K。

2. 晶粒长大

晶核一旦形成，在很小的过冷度下，液相原子便不断向固液界面堆砌，即晶体不断长大。因此，晶体长大从宏观上来看是生长界面不断推移的过程[21]。在晶粒尺度上，晶体生长主要受界面前沿温度条件、界面结构以及结晶潜热的释放及散热条件等[22]的影响。

1）固液界面结构

根据材料固液界面结构上的区别，可以将固液界面分为光滑界面和粗糙界面[14]，如图 5.4 所示。光滑界面又称小晶面，从宏观尺度上来看，由于原子的沉积是一层一层进行的，界面能存在明显的各向异性，固液界面由小平面围成，形貌粗糙不光滑，但是从微观尺度来看，原子在平整界面上堆砌生长，固液界面上的原子排列是光滑的。粗糙界面也称非小晶面，从宏观尺度上由于其原子的沉积位置是随机的，界面能的各向异性不明显，其固液界面形貌平滑，但从微观尺度来看原子排列是粗糙的[14]。

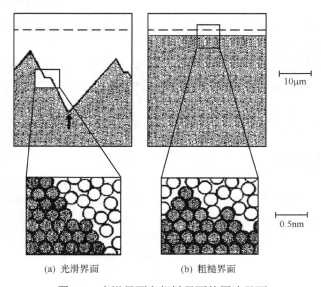

(a) 光滑界面　　　　　　　(b) 粗糙界面

图 5.4　光滑界面和粗糙界面的固液界面

2) 晶体的长大方式

固液界面结构不同，故其接纳液相原子的能力不同，晶体长大的方式也不同，可以将晶体的长大机制归纳为连续长大和侧面长大[15]。

（1）连续长大。连续长大又称正常长大，液相原子可以连续地向界面添加，长大不断进行。这种长大方式速率快，所需的生长过冷度小。多数金属晶体以这种生长机制长大。

（2）侧面长大。侧面长大是指液相原子只能添加到界面台阶的边缘，依靠台阶向其侧面扩展长大，其生长方向与界面平行。台阶的形成方式[23]如图 5.5 所示，可以分为二维晶核、螺旋位错和孪晶面。

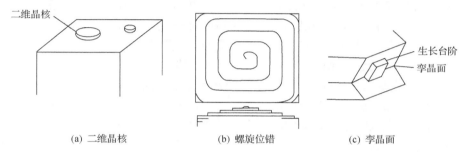

(a) 二维晶核　　　　　　　(b) 螺旋位错　　　　　　　(c) 孪晶面

图 5.5　几种侧面长大的台阶形成方式

不同生长机制的生长速率也不尽相同[16]，不同生长机制下生长速率的对比如图 5.6 所示。

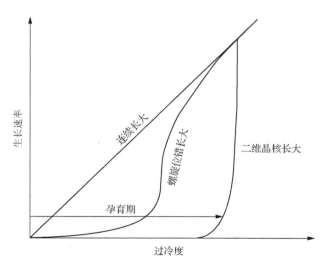

图 5.6　不同生长机制生长速率与过冷度关系

3）晶体生长的稳定性

在晶体生长过程中，温度梯度直接影响界面的稳定性，从而影响晶体的生长速率和形态[15]。另外，对于合金，成分梯度也有一定的影响。

（1）根据晶体生长过程中传热特点的不同，可以将固液界面中的温度梯度分为正温度梯度和负温度梯度。其中，正温度梯度是液相中的温度随与界面距离的增加而升高的温度分布状况；负温度梯度则与之相反，是液相中的温度随与界面距离的增加而降低的温度分布状况[14]。

在正温度梯度下，对于光滑界面的晶体，其长大呈规则形状；对于粗糙界面的晶体，其长大呈平面状，称此长大方式为平面长大方式。

在负温度梯度下，对于光滑界面的晶体，其可能长成枝晶，但往往带有小平面的特征；对于粗糙界面的晶体，其不再以平面长大方式长大，而是结合不同的长大条件形成等轴晶或者柱状晶。树枝状生长是具有粗糙界面物质最常见的晶体生长方式，一般的金属结晶均以此生长方式长大[14]。

（2）其他影响因素。对于合金，晶体的长大除了受温度梯度的影响，也受结晶过程中溶质分布也就是成分梯度的影响。固、液相的成分不同造成了界面前沿的溶质再分配。在固溶体合金凝固时，在正温度梯度下，固液界面前沿液相中的成分有所差别，导致固液界面前沿的熔体的温度低于实际液相线温度，从而产生的过冷称为成分过冷[14]。图 5.7 为液态金属中两种温度梯度分布方式[14]。当成分过冷区足够大时，固溶体就会以树枝状长大。此外，晶体的生长还与界面能作用和界面动力学效应有关。

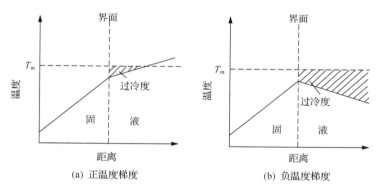

(a) 正温度梯度　　　　　　　　　　(b) 负温度梯度

图 5.7　液态金属中两种温度梯度分布方式

3. 枝晶长大

一般来讲，一部分枝晶由于其平行于热流方向生长速率较快，会抑制相邻枝晶生长，成为枝晶主干，从而逐渐淘汰取向不利的晶粒，这个过程就是晶粒的择优生长。由此可见，确定枝晶尖端的生长速率和枝晶尖端的生长方向对枝晶长大的模拟非常重要。

1）生长速率

（1）Oldfield[18]在 20 世纪 60 年代提出了共晶合金晶粒生长速率计算模型，得出枝晶生长速率计算公式为

$$\frac{dR}{dt} = B(\Delta T)^2 \tag{5.18}$$

式中，ΔT 为晶粒生长过冷度，K；R 为晶粒生长半径，μm；B 为常数，取决于实验条件。

（2）Rappaz 等[20]基于 KGT 模型推导出的生长速率和过冷度的关系式为

$$v = \alpha \Delta T^2 + \beta \Delta T^3 \tag{5.19}$$

式中，α、β 为增长系数。

2）择优取向

在二维平面中，枝晶在[–90°, 90°]范围内择优方向生长。一旦形核，其择优生长的方向便确定下来，并沿着择优生长方向生长，直到停止生长。

4. 相关参数处理

1）凝固潜热

凝固潜热是指从液相线温度冷却到固相线温度所释放出的热量，在传热方程中为内热源强度项，是温度的函数。本章采用热焓法来处理凝固潜热，在整个凝固范围内选取典型温度热焓值，然后用直线连接来表征其趋势。

2）密度

密度的处理方法类似于热焓，取多个关键温度点的物性参数连成直线来表征整个温度范围内密度的变化。低碳钢液相密度 $\rho_l = 7000\text{kg}/\text{m}^3$，高温固相密度 $\rho_s = 7400\text{kg}/\text{m}^3$。

3）平均比表面能

常见金属的平均比表面能变化范围为 1.1～5J/m^2，如表 5.1 所示，根据不同的需要采用不同的值[24]。

表 5.1　不同金属平均比表面能

金属	Al	Au	Cu	α-Fe	γ-Fe	Pt	W
平均比表面能/(J/m^2)	1.1±0.2	1.4±0.1	1.75±0.1	2.1±0.3	2.2±0.3	2.1±0.3	2.8±0.4

4）润湿角

铸坯钢液的成分不同，形核剂的类型也会有所不同，那么润湿角也不同，根据黄诚等[13]对非匀质形核润湿角的研究，可得出如表 5.2 所示的计算结果。

表 5.2　铁液中不同形核剂润湿角的计算结果

形核剂类型	计算结果	
	$f(\theta)$	$\theta/(°)$
TiN	0.000044	7.1
TiC	0.000049	7.3
SiC	0.000268	11.2
ZrN	0.111743	14.4
ZrC	0.00278	20.2
WC	0.0039	22.1
Al_2O_3	0.0029	20.5
SiO_2	0.013	30.1
Re_2O_3	0.000137	9.4
MnO	0.04	40.7

5）扩散激活能取值

在形核率计算中，涉及扩散激活能的取值问题，根据相关文献可以按照表 5.3 取值[25]。

表 5.3　不同金属扩散激活能取值表

金属	Al	Ni	Mn	Cr	Mo	W	N	C	H
扩散激活能取值/(kJ/mol)	184	282.5	276	335	247	261	146	132	42

5.2　元胞自动机模拟凝固过程的方法及其实现

5.2.1　建立元胞自动机模型

对于凝固过程的组织演变，可以利用元胞自动机方法进行形核、晶核长大等过程的模拟。元胞自动机模拟凝固过程的建模步骤如下：

（1）元胞空间的选择。本节研究对象选定为二维空间内的正方形区域，其边长为 l，面积为 $l×l$。在此微区内划分等间距四方形网格，每个网格作为一个元胞。模拟区域划分为 $n×n$ 个元胞，各个元胞尺寸相同，边长 a 均为 l/n。为便于计算机运算和显示，本节模拟中采用四方形元胞。

（2）元胞状态的设定。在本模型的模拟中，设定模型中元胞的状态为固态 S、界面胞 M 和液态 L，主要考虑温度场对元胞状态的影响。

（3）邻居及边界条件的确定。本节采用 von Neumann 型邻居和固定值边界条件。

（4）元胞状态演变规则的确定。每个元胞在 $t+1$ 时刻的状态由其自身及其邻居在 t 时刻的状态决定，即

$$e(t+1)=f\{a(t), b(t), c(t), d(t), e(t)\} \tag{5.20}$$

式中，$e(t+1)$ 为元胞 e 在 $t+1$ 时刻的状态；$a(t)$、$b(t)$、$c(t)$、$d(t)$、$e(t)$ 为元胞 e 及其邻居元胞在 t 时刻的状态；f 为元胞状态转变规则。

在本模型中，每一个时间步内元胞的状态都按如下规则判断：①设定所有元胞的初始状态均为液态 L。②根据其所在位置温度情况判断能否形核。③当元胞 e 已经形核时，考察其邻居元胞状态，当邻居元胞状态为 S 时，元胞 e 的状态为 S；当邻居元胞状态为 L 时，元胞 e 的状态为 M。

5.2.2　凝固过程模拟人机界面的可视化

本节主要介绍元胞自动机模拟的可视化过程，所以以简单凝固过程为例，暂不考虑一些与结晶有关的参数，如溶质的浓度等，只考虑过冷度与温度梯度的影响，进行铸锭横断面的模拟示范。程序中的参数应根据实际情况来设定，这里以 MATLAB 为例，应用与运行时的窗口如图 5.8～图 5.11 所示。

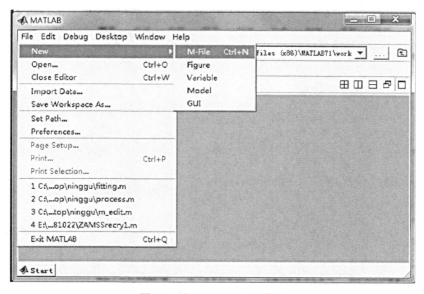

图 5.8　打开 MATLAB 窗口

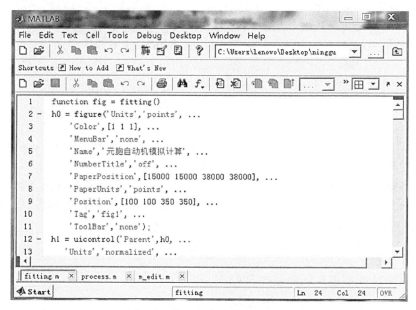

图 5.9　载入程序准备运行窗口

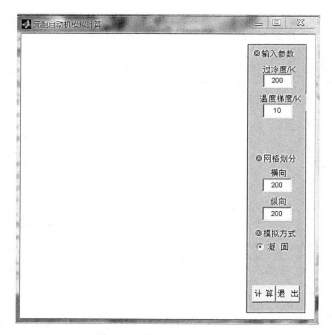

图 5.10　输入凝固条件窗口

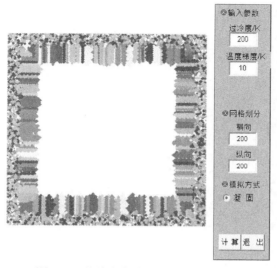

图 5.11　按给定条件计算的可视化窗口

5.2.3　MATLAB 程序及其运行

以简单凝固过程为例，MATLAB 程序框图如图 5.12 所示。

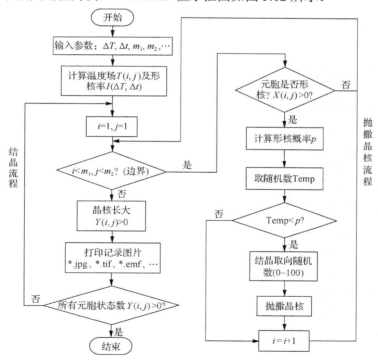

图 5.12　简单凝固模拟程序流程图

(1)形成窗口程序(fitting.m)。

```
function fig = fitting()
h0 = figure('Units','points', ...
    'Color',[1 1 1], ...
    'MenuBar','none', ...
    'Name','元胞自动机模拟计算', ...
    'NumberTitle','off', ...
    'PaperPosition',[15000 15000 38000 38000], ...
    'PaperUnits','points', ...
    'Position',[100 100 350 350], ...
    'Tag','fig1', ...
    'ToolBar','none');
h1 = uicontrol('Parent',h0, ...
    'Units','normalized', ...
    'BackgroundColor',[0.7529 0.7529 0.7529], ...
    'ListboxTop',0, ...
    'Position',[0.77 0.024 0.2 0.94], ...
    'Style','frame', ...
    'Tag','frame1');
h1 = uicontrol('Parent',h0, ...
    'Units','normalized', ...
    'BackgroundColor',[0.7529 0.7529 0.7529], ...
    'FontSize',10, ...
    'HorizontalAlignment','left', ...
    'ListboxTop',0, ...
    'Position',[0.785 0.8885 0.18 0.06], ...
    'String','◎输入参数', ...
    'Style','text', ...
    'Tag','statictext2');
h1 = uicontrol('Parent',h0, ...
    'Units','normalized', ...
    'BackgroundColor',[0.7529 0.7529 0.7529], ...
    'FontSize',10, ...
    'ListboxTop',0, ...
```

```
        'Position',[0.810 0.834 0.13 0.06], ...
        'String','过冷度/K', ...
        'Style','text', ...
        'Tag','statictext2');
h1 = uicontrol('Parent',h0, ...
        'Units','normalized', ...
        'BackgroundColor',[1 1 1], ...
        'Callback','dsc=m_edit;', ...
        'ListboxTop',0, ...
        'Position',[0.823 0.81 0.1 0.05], ...
        'Style','edit', ...
        'Tag','edittext1');
h1 = uicontrol('Parent',h0, ...
        'Units','normalized', ...
        'BackgroundColor',[0.7529 0.7529 0.7529], ...
        'FontSize',10, ...
        'ListboxTop',0, ...
        'Position',[0.790 0.73 0.18 0.06], ...
        'String','温度梯度/K', ...
        'Style','text', ...
        'Tag','statictext2');
h1 = uicontrol('Parent',h0, ...
        'Units','normalized', ...
        'BackgroundColor',[1 1 1], ...
        'Callback','td=m_edit;', ...
        'ListboxTop',0, ...
        'Position',[0.823 0.705 0.1 0.05], ...
        'Style','edit', ...
        'Tag','edittext2');
h1 = uicontrol('Parent',h0, ...
        'Units','normalized', ...
        'BackgroundColor',[0.7529 0.7529 0.7529], ...
        'FontSize',10, ...
        'HorizontalAlignment','left', ...
```

```
        'ListboxTop',0, ...
        'Position',[0.795 0.52 0.15 0.06], ...
        'String','◎网格划分', ...
        'Style','text', ...
        'Tag','statictext2');
h1 = uicontrol('Parent',h0, ...
        'Units','normalized', ...
        'BackgroundColor',[0.7529 0.7529 0.7529], ...
        'FontSize',10, ...
        'HorizontalAlignment','left', ...
        'ListboxTop',0, ...
        'Position',[0.845 0.47 0.12 0.06], ...
        'String','横向', ...
        'Style','text', ...
        'Tag','statictext2');
h1 = uicontrol('Parent',h0, ...
        'Units','normalized', ...
        'BackgroundColor',[1 1 1], ...
        'Callback','hx=m_edit;', ...
        'ListboxTop',0, ...
        'Position',[0.823 0.445 0.1 0.05], ...
        'Style','edit', ...
        'Tag','edittext3');
h1 = uicontrol('Parent',h0, ...
        'Units','normalized', ...
        'BackgroundColor',[0.7529 0.7529 0.7529], ...
        'FontSize',10, ...
        'HorizontalAlignment','left', ...
        'ListboxTop',0, ...
        'Position',[0.845 0.37 0.12 0.06], ...
        'String','纵向', ...
        'Style','text', ...
        'Tag','statictext2');
h1 = uicontrol('Parent',h0, ...
```

```
        'Units','normalized', ...
        'BackgroundColor',[1 1 1], ...
        'Callback','zx=m_edit;', ...
        'ListboxTop',0, ...
        'Position',[0.823 0.345 0.1 0.05], ...
        'Style','edit', ...
        'Tag','edittext4');
h1 = uicontrol('Parent',h0, ...
        'Units','normalized', ...
        'BackgroundColor',[0.7529 0.7529 0.7529], ...
        'FontSize',10, ...
        'HorizontalAlignment','left', ...
        'ListboxTop',0, ...
        'Position',[0.795 0.26 0.15 0.06], ...
        'String','◎模拟方式', ...
        'Style','text', ...
        'Tag','statictext2');
h1 = uicontrol('Parent',h0, ...
        'Units','normalized', ...
        'Callback','set(hradio,"value",0);set(h1,"value",1);fitmode=1;', ...
        'BackgroundColor',[0.7529 0.7529 0.7529], ...
        'FontSize',10, ...
        'ListboxTop',0, ...
        'Position',[0.8 0.23 0.12 0.05], ...
        'String','凝固', ...
        'Style','radiobutton', ...
        'Tag','radiobutton1', ...
        'Value',1);
h1 = uicontrol('Parent',h0, ...
        'Units','normalized', ...
        'Callback','process(dsc,td,hx,zx)', ...
        'FontSize',10, ...
        'ListboxTop',0, ...
        'Position',[0.79 0.06 0.08 0.06], ...
```

```
    'String','计算', ...
    'Tag','pushbutton1');
h1 = uicontrol('Parent',h0, ...
    'Units','normalized', ...
    'Callback','clear all;close', ...
    'FontSize',10, ...
    'ListboxTop',0, ...
    'Position',[0.87 0.06 0.08 0.06], ...
    'String','退出', ...
    'Tag','pushbutton1');
```

(2) 模拟计算程序(process.m)。

```
function process(dsc,td,hx,zx)
%simulate the process of pure metal
play= 1;
stop=-1;
if nargin<1,
    action='initialize';
end
    m1=hx; %横向
    m2=zx; %纵向
    tx=0.7;
    ty=tx*zx/hx;
    axes( ...
      'Units','normalized', ...
      'Position',[0.04 0.15 tx ty], ...
      'Visible','off', ...
      'DrawMode','fast', ...
      'NextPlot','add');
  cla;
  axHndl=gca;
  figNumber=gcf;
  hndlList=get(figNumber,'Userdata');
% ====== Start of Demo
  set(axHndl, ...
```

```
            'UserData',play, ...
            'DrawMode','fast', ...
            'Visible','off');
%define const
  cd=dsc;%condensate depression 过冷度
  grad=td;%temperature grads 温度梯度
  ori=100;%oritation 取向
  v=1;%grow velocity 生长速率
  time=1;%time step
  clen=1;%cell length 单元步长
  tm=1718;%melting point 熔点
  lm=1.88;
  c=14.4;% 界面能
  T=zeros(m1,m2);
  q=2.145;
  r=8.314; %气体常数
  n=0;
  for i=1:m1
      for j=1:m2
      if n<(m1+m2)/4
          T(1+n,1+n:m1-n)=cd-grad*n;
          T(1+n:m2-n,1+n)=cd-grad*n;
  end
      n=n+1;
      if i>m1/2
          T(i,j)=T(m1-i+1,j);
      end
      if j>m2/2
          T(i,j)=T(i,m2-j+1);
      end
    end
end
  nuc_p=zeros(m1,m2);
  X=zeros(m1,m2);
```

```
Y=X;
CounterOld=zeros(m1,m2);
CounterNew=CounterOld;
length=zeros(m1,m2);
[i,j] = find(X);
figure(gcf);
plothandle = plot(i,j,'.', ...
    'Color','blue', ...
    'MarkerSize',6);
axis([0 m1+1 0 m2+1]);
picture='picture';
while get(axHndl,'UserData')==play,
%nucleation
for i=1:m1
    for j=1:m2
        T(i,j)=T(i,j)+1;
    if T(i,j)>0
        a=(16*3.141*c^3*tm^2)/(3*lm^2*T(i,j)^2);
        a=a/100;
        k=1.2;
        nuc_p(i,j)=k*exp(-a/(r*(tm-T(i,j))))*exp(-q/(r*(tm-T(i,j))));
    else
        nuc_p(i,j)=0;
        T(i,j)=T(i,j)+grad;
    end
        if X(i,j)==0
            temp=rand;
            if temp<=nuc_p(i,j)
                Y(i,j)=rand*ori+2;
                CounterNew(i,j)=1;
            else
                Y=X;
                CounterNew=CounterOld;
            end
```

```
    else
        Y=X;
        CounterNew=CounterOld;
        end
    X=Y;
    CounterOld=CounterNew;
    end
end
%grain grow
for i=1:m1
    for j=1:m2
    if X(i,j)~=0
        length(i,j)=length(i,j)+v*time;
        if length(i,j)>clen
            length(i,j)=1;
        end
    else
        length(i,j)=0;
    end
  end
end
%cell transformation
for i=1:m1
    for j=1:m2
        if X(i,j)==0
    p=zeros(1,4);
        im=i-1;
        if im<1
            im=m1;
        end
        ip=i+1;
        if ip>m1
            ip=1;
        end
```

```
        jm=j-1;
        if jm<1
                jm=m2;
        end
        jp=j+1;
        if jp>m2
                jp=1;
        end
        cap_p=0; %capture probability
        if X(im,j)~=0
                p(1)=length(im,j)/clen;
                if p(1)>1
                        p(1)=1;
                end
        end
        if X(i,jp)~=0
                p(2)=length(i,jp)/clen;
                if p(2)>1
                        p(2)=1;
                end
        end
        if X(ip,j)~=0
                p(3)=length(ip,j)/clen;
                if p(3)>1
                        p(3)=1;
                end
        end
        if X(i,jm)~=0
                p(4)=length(i,jm)/clen;
                if p(4)>1
                        p(4)=1;
                end
        end
    cap_p=max(p);
```

```
            cap_n=find(p==cap_p);
            cap_r=rand;
            if cap_p>1
                    cap_p=1;
            end
            if ((cap_r<=cap_p)&(cap_p~=0))
                    if cap_n==1
                            Y(i,j)=X(im,j);
                    end
                    if cap_n==2
                            Y(i,j)=X(i,jp);
                    end
                    if cap_n==3
                            Y(i,j)=X(ip,j);
                    end
                    if cap_n==4
                            Y(i,j)=X(i,jm);
                    end
                    CounterNew(i,j)=1;
            else
                    Y(i,j)=X(i,j);
                    CounterNew(i,j)=CounterOld(i,j);
            end
        end
      end
    end
  end
X=Y;
%draw
    [i,j] = find(Y>0&Y<=10);
    plot(i,j,'.', ...
    'Color','yellow', ...
    'MarkerSize',5);
    [i,j] = find(Y>10&Y<=15);
    plot(i,j,'.', ...
```

```
'Color',[0.3 0.5 0.8], ...
'MarkerSize',5);
[i,j] = find(Y>15&Y<=25);
plot(i,j,'.', ...
'Color','cyan', ...
'MarkerSize',5);
[i,j] = find(Y>25&Y<=35);
plot(i,j,'.', ...
'Color','magenta', ...
'MarkerSize',5);
[i,j] = find(Y>35&Y<=45);
plot(i,j,'.', ...
'Color','red', ...
'MarkerSize',5);
[i,j] = find(Y>45&Y<=55);
plot(i,j,'.', ...
'Color','green', ...
'MarkerSize',5);
[i,j] = find(Y>55&Y<=65);
plot(i,j,'.', ...
'Color',[0.3 0.8 1], ...
'MarkerSize',5);
[i,j] = find(Y>65&Y<=75);
plot(i,j,'.', ...
'Color',[1 0.8 1], ...
'MarkerSize',5);
[i,j] = find(Y>75&Y<=85);
plot(i,j,'.', ...
'Color',[1 1 0.6], ...
'MarkerSize',5);
[i,j] = find(Y>85&Y<=95);
plot(i,j,'.', ...
'Color','blue', ...
'MarkerSize',5);
[i,j] = find(Y>95);
```

```
        plot(i,j,'.', ...
        'Color',[0.7 0.7 0.7], ...
        'MarkerSize',5);
      drawnow
end
end
```

(3)字符串转换为实型数据程序(m-edit.m)。

```
function fout=m_edit
temp=get(gco,'string');
fout=str2num(temp);
```

5.2.4　结晶过程的可视化显示策略

在凝固微观组织演化模拟中，不同时刻的晶粒组织对应着的是一个数字矩阵。为把不同的晶粒区别开来，根据晶粒取向给晶粒进行着色。在程序中，每一次循环的末尾，对该时间步内生成的晶粒进行着色输出，以得到动态的显示过程。图 5.13 为 MATLAB 软件计算的晶粒状态的数字矩阵与对应的晶粒轮廓图，分割数 $m=20\times20$ 的状态值：0 为边界值，负数为晶界或尚未结晶值。

0	0	0	0	0	0	0	0	0	0	0	0	0	0	0	0	0	0	0	0
0	-24	-24	-24	-13	-13	-13	-13	-13	-13	-13	-13	-4	-4	-2	-2	-20	-20	-20	0
0	-24	-24	-24	9	-13	-13	-13	13	13	-13	-13	4	-4	-4	2	2	2	-20	0
0	-24	-24	9	9	9	9	-13	-13	-13	-13	4	4	4	-4	2	2	2	-2	0
0	-12	-12	-12	9	9	9	9	9	-13	-13	4	4	4	-4	-4	-4	2	-2	0
0	-12	12	-12	-12	9	9	-27	-27	-27	-11	4	4	4	4	4	-27	-5	-5	0
0	-12	12	12	-27	-27	-27	-27	27	-27	-27	-11	-27	-27	-27	-27	-27	5	-5	0
0	-12	12	12	-27	27	27	27	27	-27	11	11	11	-27	27	-27	-27	-27	-27	0
0	-12	12	12	-27	27	27	27	27	-27	11	11	-27	-27	-27	-27	3	3	-3	0
0	-12	12	12	-27	-27	-27	27	27	-27	11	11	-27	27	-27	-23	-23	-23	-23	0
0	-12	-12	-12	-12	5	-27	-27	27	-27	11	11	-27	-27	-27	23	-23	-23	-23	0
0	-12	-12	1	-5	-5	5	-27	27	-27	-27	11	-27	-27	23	-23	-23	7	-7	0
0	-1	1	1	1	-5	-5	-27	-27	27	-27	-27	-27	-27	-27	-27	7	7	-7	0
0	-1	1	1	1	1	1	1	-27	27	27	27	27	27	27	-27	7	7	-7	0
0	-1	1	1	1	1	1	1	-27	27	27	27	27	27	27	-27	-27	7	-7	0
0	-1	1	1	1	1	1	1	-27	27	27	27	27	27	27	-27	-27	7	-7	0
0	-1	1	1	1	1	1	1	-27	27	27	27	27	27	27	-27	7	7	-7	0
0	-1	-8	-8	1	1	1	1	-27	27	27	27	27	27	27	-27	7	7	-7	0
0	-8	-8	-8	-1	-1	1	1	27	-27	-27	-27	-27	-27	-27	-27	-27	-7	-7	0
0	0	0	0	0	0	0	0	0	0	0	0	0	0	0	0	0	0	0	0

图 5.13　计算晶粒状态的数字矩阵

图 5.14 为与图 5.13 相对应的凝固组织的晶粒颜色显示画面。对应矩阵 0 的部分为固定值边界，即与铸模接触部分，对应各种颜色显示不同晶粒。凝固过程组织的动态演示及制作过程是：首先记录每个时间步长的画面，如图 5.15 所示；然后将其存储为*.emf、*.jpg、*.bmp 等文件；最后由软件将其制作成演示文件(*.avi、*.swf 等)。

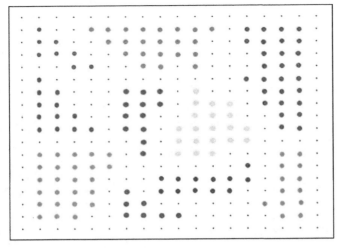

图 5.14 凝固组织着色的显示画面(彩图见文后)

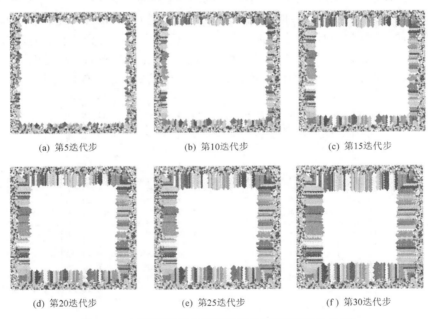

(a) 第5迭代步   (b) 第10迭代步   (c) 第15迭代步

(d) 第20迭代步   (e) 第25迭代步   (f) 第30迭代步

图 5.15 记录凝固每个时间步长的画面(彩图见文后)

5.3 小方坯凝固过程的元胞自动机和有限元耦合模拟

5.3.1 小方坯凝固特点

连铸坯的质量显著影响成品钢材的质量,而连铸坯的质量很大程度上取决于凝固组织[26]。从冷却条件来看，连铸过程可以分为结晶器区、二冷区和空冷区。从相变角度看，又可分为液相区、两相区(糊状区)和固相区。因此，小方坯连铸过程是涉及热传导、热对流和热辐射的多相区共存的复杂传热过程。

连铸小方坯经常出现的缺陷是脱方和偏离角纵裂漏钢[27]。铸坯的内部质量主要取决于钢水在二冷区的凝固过程。出二冷区的连铸坯会出现边角部温度较低的现象。因为角部的传热是二维的，所以开始时凝固最快，较早收缩并形成气隙。然而，静水压力使铸坯中部更易于消除气隙而与结晶器内表面接触，因此在结晶器内以后的凝固过程中，角部的传热始终小于其他部位，致使角部区域坯壳最薄，容易产生角部裂纹和漏钢。

连铸方坯的铸态凝固组织通常由三个区域组成：边部是细小等轴晶，中间是柱状晶，中心是等轴晶[28]。柱状晶组织会导致铸坯力学性能的恶化，而细小的等轴晶有利于铸坯力学性能的提高，因此增加细小等轴晶的比例可以有效提高铸坯的性能和质量。

方坯连铸中，坯料经历结晶器区、二冷区和空冷区，从液态到完全凝固，冷却强度很大，导致铸坯断面温度分布不均匀。这种不均匀性表现为：①热量从铸坯心部传向表面，铸坯心部温度很高，而表面温度较低，最大温差可达 200℃左右[29]；②铸坯表面中心温度较高，而角部为二维冷却，温度较低。温度是凝固能否进行的驱动力，是决定最终凝固组织的关键因素，是对微观组织进行模拟的基础。因此，对连铸小方坯微观组织进行模拟，首先要对传热过程进行模拟计算。

5.3.2　小方坯凝固过程温度场模拟

1. 基本假设

为便于运算，模型做如下基本假设[30]：
(1)忽略纵向传热和热扩散，视凝固传热为二维非稳态导热问题；
(2)不考虑弯月面的影响；
(3)不考虑液态金属的流动，假设其不可压缩；
(4)忽略凝固冷却收缩引起的铸坯尺寸变化；
(5)忽略结晶器的振动、弧度、锥度对传热的影响；
(6)忽略结晶器内钢液与坯壳、结晶器铜壁与冷却水之间的热阻；
(7)忽略接触辊的接触传热；
(8)假设二冷区冷却均匀。

2. 初始条件

模拟温度场分布所采用的初始条件如表 5.4 所示。

表 5.4　模拟所设定的初始参数取值

参数	取值
钢液初始温度/℃	1545
浇注温度/℃	1545
液相线温度/℃	1520
固相线温度/℃	1493
单元尺寸/mm	1.2×1.2

　　时间条件包括终止时间、时间步长以及自动时间步。考虑到三个冷却区长度合计约 20m,拉坯速度为 1.5m/min,所以在模拟时首先设定终止时间为 800s,通过计算以及反复实验预计方坯在 200s 左右凝固,最终设定终止时间为 250s。

　　时间步长是指计算过程中每个时间增量步的大小。时间步长是影响非线性求解可靠性、精度和效率的最大因素。一般来讲,时间步长越小,计算的结果就越精确,求解发散可能性下降,每次求解迭代次数下降。但是从计算时间来考虑,时间步长则是越大越好。综合考虑,结晶器内由于冷却迅速,设定时间步长为 0.2s,二冷区冷却速率下降,设定时间步长为 2s,空冷区内冷却缓慢,设定时间步长为 10s。

　　3. 边界条件

　　在 ANSYS 模拟宏观温度场中主要考虑了三类边界条件:

　　(1)第一类边界条件给定了边界上的温度值;

　　(2)第二类边界条件给定了边界上的热流密度;

　　(3)第三类边界条件给定了边界上的表面换热系数。

　　在模型中不同冷却阶段及铸坯部位边界条件分布如下。

　　1)铸坯中心

　　根据假设认为铸坯中心属于绝热边界,属于第二类边界条件。

　　2)铸坯表面

　　结晶器内:结晶器的热流密度可由式(5.8)计算获得,则可将其视为是已知的,属于第二类边界条件。

　　二冷区内:由于二冷区边界温度和热流密度都不可知,只给定了换热系数,属于第三类边界条件。

　　空冷区内:空冷区的热流密度可以根据式(5.10)获得,边界条件属于第二类边界条件。

4. 模拟步骤

宏观温度场是用 ANSYS 模拟分析软件获得的，主要分为前处理、求解和后处理三个步骤。

1) 创建有限元模型

创建有限元模型步骤如下：

(1) 选择单元类型。采用 Quad 4node 55 单元。

(2) 赋予材料属性。给定密度、导热系数、热焓值等。

(3) 创建几何模型。研究对象为小方坯垂直于拉坯方向的横截面，故采用二维平面模型。

(4) 划分单元。设置单元密度，设置边长为 1.2mm，采用自由网格划分，共10201 个节点，如图 5.16 所示。

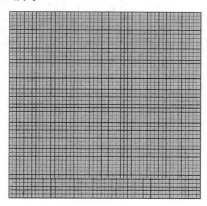

图 5.16 方坯几何模型

2) 施加载荷及求解

施加载荷及求解步骤如下：

(1) 定义分析类型。瞬态分析。

(2) 施加载荷及约束。给定初始温度场，根据不同冷却阶段实际情况输入热流密度、对流换热分布载荷。

(3) 设置载荷步选项。设置计算终止时间、载荷步类型、非线性选项等，并将它们写入载荷步文件。

(4) 多载荷步求解。

3) 查看分析结果

查看分析结果过程如下：

(1) 采用通用后处理器查看截面温度云图并输出节点温度数据。

（2）采用时间后处理器查看关键点随时间变化温度曲线及数据并输出。

5. 模拟结果

钢液从浇注到结晶器后，便从角部开始迅速凝固形成坯壳，如图 5.17 所示，并随时间逐渐向内缓慢增厚。就整体坯壳生长速率的规律而言，坯壳在结晶器内的生长速率较快，尤其是在钢液浇注到结晶器内的短时间内，坯壳迅速凝固生成，随后生长趋势有所减缓并保持稳定。直到完全凝固前坯壳生长突然加速，坯壳迅速凝固直到完全凝固，如图 5.18 所示。

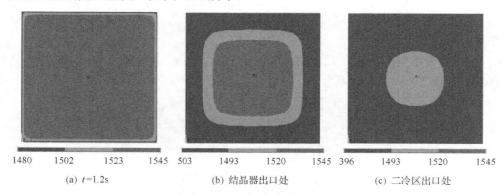

$$
\begin{array}{ccc}
\text{1480}\quad\text{1502}\quad\text{1523}\quad\text{1545} & \text{503}\quad\text{1493}\quad\text{1520}\quad\text{1545} & \text{396}\quad\text{1493}\quad\text{1520}\quad\text{1545}
\end{array}
$$

(a) t=1.2s　　　　　　　　(b) 结晶器出口处　　　　　　(c) 二冷区出口处

图 5.17　不同时刻坯壳分布（彩图见文后）

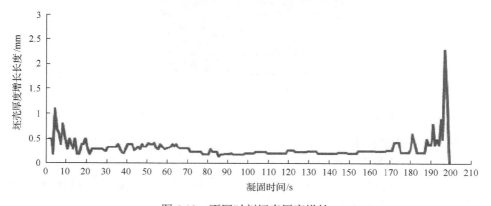

图 5.18　不同时刻坯壳厚度增长

因为钢液浇注后在结晶器内直接与结晶器的内表面接触，快速传热导致铸坯表面温度急速下降形成大过冷，为凝固成壳提供了条件。随着铸坯进入二冷区，冷却强度下降，且热阻随着坯壳厚度的增加而增大导致散热速率减慢，铸坯温度出现短暂回升，导致坯壳厚度增速减慢。随后铸坯进入空冷区，冷却强度大幅度下降，铸坯向外传热导致表面温度大幅升高，随后表面温度将在热辐射和对流作用下缓慢降低直至铸坯完全凝固，如图 5.19 所示。

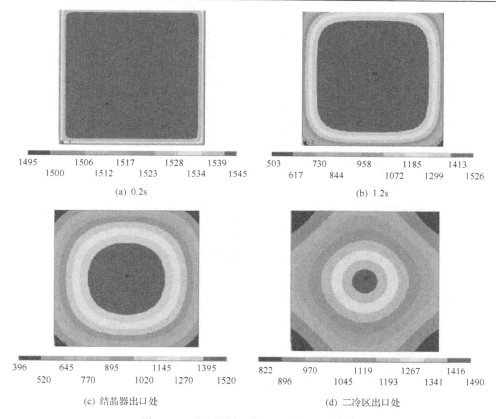

(a) 0.2s

(b) 1.2s

(c) 结晶器出口处

(d) 二冷区出口处

图 5.19　不同时刻温度云图(彩图见文后)

　　在模拟过程中选取铸坯断面上的 3 个特征点 A、B、C，给出凝固过程的模拟结果，A、B、C 的位置分别如图 5.20 所示[31]。铸坯的边长为 L_0，其中点 A 为铸坯表面单元，点 B 为距离铸坯中心 $L_0/4$ 处的单元，点 C 处为铸坯中心单元。图 5.21 给出了铸坯断面上特征点单元温度随时间变化的模拟曲线。

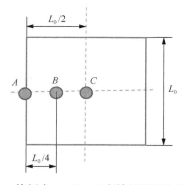

图 5.20　特征点 A、B、C 在铸坯断面上的位置

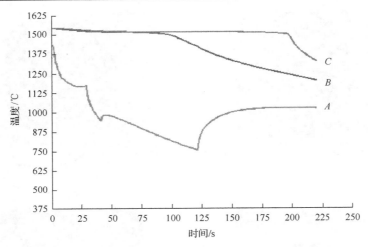

图 5.21　铸坯断面特征点单元温度随时间变化的模拟曲线

5.3.3　小方坯凝固组织的模拟

1. 凝固组织模拟条件

为便于运算，可做如下基本假设[32]：

(1) 假设凝固组织内存在固相、液相和界面三个区域；

(2) 材料的物理参数(如密度、比热容等)为常数；

(3) 忽略铸坯变形和气隙生成对微观组织的影响；

(4) 假设固液界面恒处于平衡状态，界面两侧的固相、液相成分服从 $C_s^* = k_0 C_1^*$。

采用固定值边界条件，相关参数取值如表 5.5 所示。

表 5.5　相关参数取值

参数	取值					
钢种	Q235					
铸坯断面尺寸/mm	120×120					
结晶器长度/mm	1050					
二冷区长度/mm	2000					
空冷区长度/mm	17100					
拉坯速度/(m/min)	1.5					
润湿角/(°)	30.1					
温度/℃	500	800	1200	1493	1520	1545
密度/(kg/m³)	7400	7400	7400	7400	7000	7000
热焓/(J/m³)	2.553×10^9	4.0848×10^9	6.1272×10^9	7.6233×10^9	9.7833×10^9	9.9373×10^9
导热系数/(W/(m·℃))	36	26	30	32	34×3	34×6

2. 模拟计算程序流程图

根据本书建立的连铸小方坯凝固过程元胞自动机模型,采用 MATLAB 进行程序编制,具体的程序流程图如图 5.22 所示。

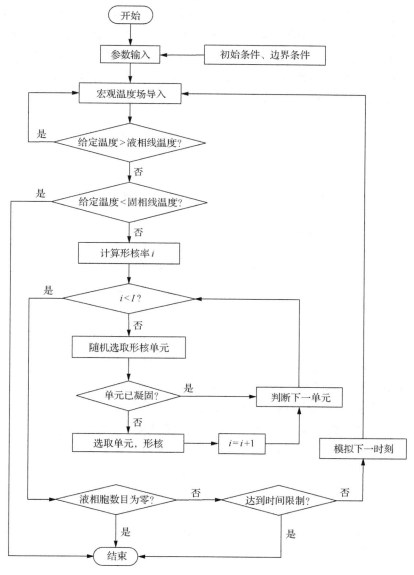

图 5.22 元胞自动机形核生长过程流程图

　　宏观温度场和微观组织分别采用 ANSYS 和 MATLAB 两种软件进行模拟，因此本节在实现宏、微观温度场耦合中采用弱耦合模式[33]。在弱耦合模式中，每个元胞温度都是在唯一凝固路径下，由宏观节点温度插值得到的，在宏观时间步长内，循环调用元胞自动机形核和生长模型完成模拟。

　　对于插值方法，这里考虑选择双线性插值，它又称为双线性内插。在数学上，双线性插值由两个变量的插值函数线性插值扩展，其核心思想是在两个方向分别进行一次线性插值，如图 5.23 所示。欲求得 P 点值，首先在横向上 A、B 两点内通过线性插值求出 e，同理在 C、D 之间插值求出 f，第二次线性插值是在纵向上在 e、f 两点之间再次运用线性插值求出 P。

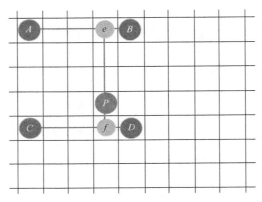

图 5.23　双线性插值示意图

采用双线性插值有两个优点：

（1）宏、微观温度场均以矩阵形式分布，便于计算；

（2）体现了宏、微观耦合的物理特性。

　　图 5.24 是将二维的宏观温度场传递到微观元胞中的示意图。图中设 (i, j) 为宏观温度场内任意位置温度单元的坐标，$T(i, j)$ 为温度单元对应的温度，(x, y) 为一个温度单元内任意位置的元胞的坐标，$e(x, y)$ 为相应元胞的温度。假设一个单元划分为 $m \times n$ 个元胞，根据双线性插值的原理，任意温度单元内任意位置元胞的温度可由式（5.21）获得

$$e(x,y) = \left(1 - \frac{y}{n}\right)\left[\frac{x}{m} \times T(i+1, i) + \left(1 - \frac{x}{m}\right)T(i, j)\right] + \frac{y}{n}\left[\frac{x}{m}T(i+1, j+1) + \left(1 - \frac{x}{m}\right)T(i, j+1)\right]$$

$$(5.21)$$

　　该程序主要分为三个模块：输入模块、转换模块和输出模块。

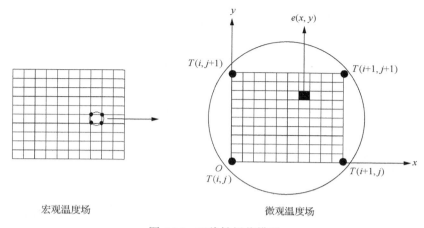

宏观温度场　　　　　　　　　　　微观温度场

图 5.24　双线性插值模型

1）输入模块

该模块主要是将 ANSYS 模拟的宏观温度场数据导入并按照节点分布转化为矩阵形式，并对宏观单元和微观元胞进行初始化。

2）转换模块

该模块主要是对温度进行时空耦合。按照需求用线性插值法将宏观温度场的一个时间步长 ΔT 插值为微观组织模拟的时间步长 Δt 的温度场，用双线性插值法将宏观上的温度场单元温度转化元胞温度。

3）输出模块

该模块将转化后的元胞温度数据以文本形式导出，以便于微观组织模拟计算。宏、微观耦合过程流程如图 5.25 所示[31]。

3. 凝固组织模拟结果

1）铸坯表面（点 A）组织

模拟结果表明，钢液浇注到结晶器后，0.2s 时便在钢液表面形成了大量细小的晶粒，在结晶器出口处便已经形成了致密且无方向性的细晶区，在完全凝固时也无改变，如图 5.26 所示。

在铸坯表面中心单元 A 处形成细晶区，主要是由于高温钢液与低温结晶器之间大的温度差异形成了大过冷度，如图 5.21 所示。同时结晶器铜壁为形核提供了基底；随后在大的过冷度的作用下晶粒快速生长，但由于同时生成大量晶核并生长，相邻的晶粒很快相遇停止生长，形成了细小的等轴晶。

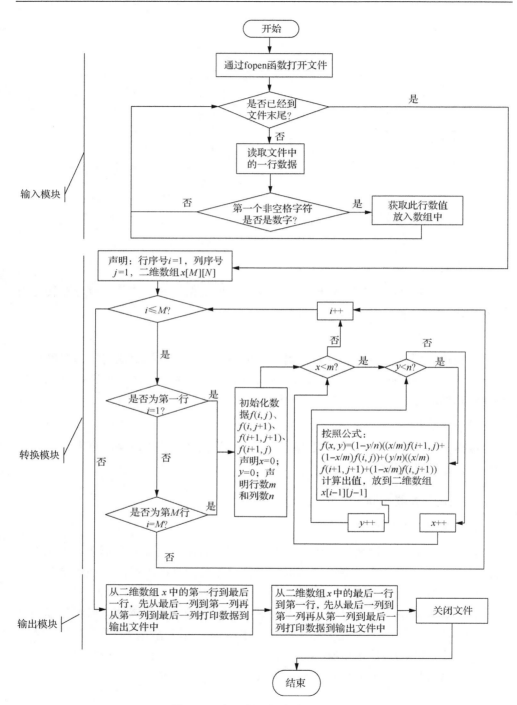

图 5.25 宏、微观耦合过程流程图

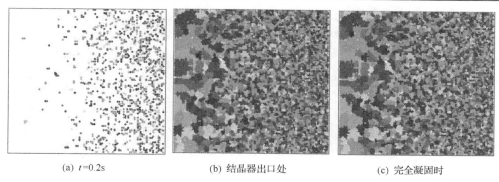

(a) t=0.2s　　　　　　　　(b) 结晶器出口处　　　　　　　(c) 完全凝固时

图 5.26　点 A 在不同时刻的晶粒组织

2) 铸坯断面距离中心 $L_0/4$ 处 (点 B) 组织

点 B 在不同时刻的晶粒组织如图 5.27 所示，由图可以明显看出，点 B 晶粒在 56.2s 时开始形核，在结晶器出口处已完全凝固，其中 t=86s 为任选中间阶段。从模拟结果可以看出，此时的晶粒为粗大的柱状晶。

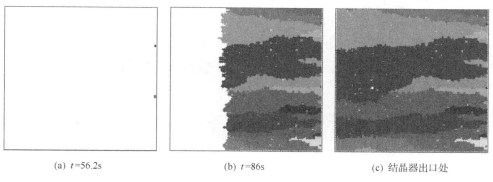

(a) t=56.2s　　　　　　　　(b) t=86s　　　　　　　(c) 结晶器出口处

图 5.27　点 B 在不同时刻的晶粒组织

在 $L_0/4$ 截面处的点 B 单元形成粗大的柱状晶区的原因是：随着冷却的进行，当 B 单元开始形核时，铸坯已经进入二冷区，二冷区的冷却强度较之结晶器区大幅下降，只有结晶器区的 1/4～1/3；随着冷却强度的降低，温度梯度变得平缓，如图 5.21 所示，凝固前沿液体中过冷度很小，不能形成新的晶核，固液界面的推进只能靠晶粒的长大来进行。同时，由于在垂直于结晶器铜壁方向上的散热较快，即热流方向垂直于结晶器铜壁，晶粒沿着热流方向快速生长，同时抑制了侧面晶粒的生长，为柱状晶的形成提供了必要条件。

3) 中心部位组织

点 C 在不同时刻的晶粒组织如图 5.28 所示。从图中可以看出，点 C 位置在 104s 开始形核，在二冷区出口处开始形成粗大的等轴晶，直到凝固完全结束。

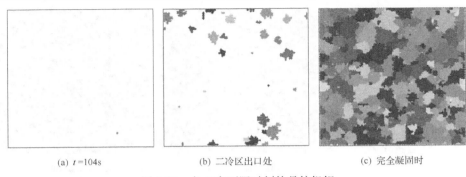

(a) t=104s   (b) 二冷区出口处   (c) 完全凝固时

图 5.28   点 C 在不同时刻的晶粒组织

在中心部位形成粗大的等轴晶区的原因是：

(1)经过散热，铸坯中心部位温度已经全部降至熔点以下，如图 5.21 所示，再加上钢液中的杂质为形核提供了基底，整个单元开始大量形核。

(2)热流方向在中心部位各个方向是一样的，导致晶粒生长表现为各向异性。

(3)已长大的柱状晶没有足够的生长时间深入液相内部便被阻挡。

4)断面组织示意图

根据特征点微观组织变化规律得到整个断面组织示意图如图 5.29，分析凝固

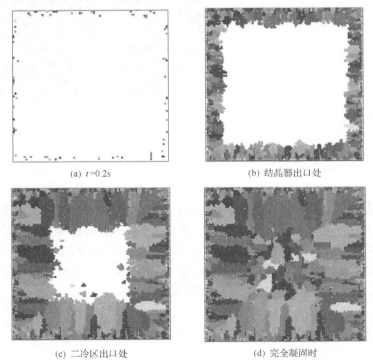

(a) t=0.2s   (b) 结晶器出口处

(c) 二冷区出口处   (d) 完全凝固时

图 5.29   凝固断面组织示意图

过程中断面组织演变规律，由表面的细晶区向内发展为粗大的柱状晶区，心部为粗大的等轴晶区，所模拟的晶粒组织规律与凝固理论描述相符[19]。

参 考 文 献

[1] 康秀红, 杜强, 李殿中, 等. 用元胞自动机与宏观传输模型耦合方法模拟凝固组织. 金属学报, 2004, 40(5): 452~456.

[2] 马幼平, 许云华. 金属凝固原理及技术. 北京: 冶金工业出版社, 2008.

[3] 焦开河, 肖柯则. 直接差分法在铸件凝固热场中应用的探讨. 内蒙古工学院学报, 1986, 2: 79~88.

[4] 张富强, 王久彬. 热量传输基础知识和连铸坯凝固传热特点. 鞍钢技术, 1998, 8: 58~61.

[5] 詹士昌. 牛顿冷却定律适用范围的探讨. 大学物理, 2000, 19(5): 36~37.

[6] 贾光霖, 齐雅丽, 张国志, 等. 合金钢连铸坯动态凝固过程数值模拟. 东北大学学报: 自然科学版, 2004, 2(2): 129~132.

[7] Lait J E, Brimacombe J K, Weinberg F, et al. Pool profile, liquid mixing and cast structure in steel, continuously cast in curved mounds. Ironmaking and Steelmaking, 1974, 1(2): 35~42.

[8] 蔡开科, 吴元增. 连续铸锭板坯凝固传热数学模型. 金属学报, 1983, 19(1): 33~40.

[9] 蔡开科. 连铸结晶器. 北京: 冶金工业出版社, 2008.

[10] Savage J, Pritchord W H. The problem of rupture of the billet in the continuous casting of steel. Journal of Iron and Steel Institute, 1954, 178: 269~277.

[11] 贺道中. 连续铸钢. 北京: 冶金工业出版社, 2007.

[12] 袁训锋. 强制对流影响凝固微观组织的相场法研究[博士学位论文]. 兰州: 兰州理工大学, 2011.

[13] 黄诚, 宋波, 毛璟红, 等. 非均质形核润湿角数学模型研究. 材料科学, 2004, 34(7): 737~742.

[14] 崔忠圻, 覃耀春. 金属学热处理. 北京: 机械工业出版社, 2007.

[15] 胡汉起, 沈宁福, 姚山, 等. 金属凝固原理. 北京: 机械工业出版社, 2000.

[16] 马幼平, 许云华. 金属凝固原理及技术. 北京: 冶金工业出版社, 2008.

[17] 王雪振. 基于温度场的微观组织生长过程的计算机模拟[硕士学位论文]. 兰州: 兰州理工大学, 2007.

[18] Oldfield W. A quantitative approach to casting solidification-freezing of cast iron. ASM Transactions, 1966, 59(2): 945~960.

[19] Thevoz P H, Desbilles J L, Rappaz M. Modeling of equiaxed microstructure formation in casting. Metallurgical Transactions A, 1989, 20(2): 311~322.

[20] Rappaz M, Thevoz P H. Solute diffusion model for equiaxed dendritic growth. Acta Metallurgica, 1987, 35(12): 2929~2933.

[21] 郑燕青, 施尔畏, 李汶军, 等. 晶体生长理论研究现状与发展. 无机材料学报, 1998, 14(3): 322~330.

[22] 董杰, 路贵民, 任栖锋, 等. 液相线铸造法非枝晶半固态组织形成机理探讨. 金属学报, 2002, 38(2): 203~207.

[23] 周尧和, 胡壮麒, 介万奇. 凝固技术. 北京: 机械工业出版社, 1998.

[24] Martin J W, Doherty R D. Stability of Microstructure in Metallic System. London: Cambridge University Press, 1976.

[25] Wolfram S. Computation theory of cellular automata. Communications in Mathematical Physics, 1984, 96(1): 15~57.

[26] 柳百成, 荆涛. 铸造工程的模拟仿真与质量控制. 北京: 机械工业出版社, 2001.

[27] 卢盛意. 连铸坯质量. 2版. 北京: 冶金工业出版社, 1994.

[28] 余志祥. 连铸坯热送热装技术. 北京: 冶金工业出版社, 2002.

[29] 范锦龙. 棒线材连铸: 直接无头轧制技术的研究[硕士学位论文]. 沈阳: 东北大学, 2011.

[30] 唐恩, 许中波, 王海涛, 等. 高碳钢小方坯凝固过程的数值模拟. 炼钢, 2004, 20(4): 30~33.

[31] 赵元榕. 基于 CA 法的连铸小方坯凝固微观组织模拟[硕士学位论文]. 沈阳: 东北大学, 2011.

[32] 邓安元, 赫冀成. 小方坯初始凝固三维数值模拟. 钢铁研究, 2000, (1): 15~18.

[33] 齐伟华. 双辊薄带连铸过程 Fe-0.4%C 二元合金薄带凝固组织模拟[硕士学位论文]. 上海: 上海大学, 2008.

第6章 金属静态再结晶过程的元胞自动机模拟

在一定条件下，变形前后的金属都可能发生静态再结晶、亚动态再结晶、静态回复和晶粒长大等过程，这将影响后续金属的相变组织，如热轧道次间隔过程、冷轧退火过程等，可发生静态再结晶。本章从金属静态再结晶的基本原理入手，给出静态再结晶的基本模型和模拟计算程序，并以合金钢双道次压缩过程和冷轧差厚板退火过程为例，介绍元胞自动机用于金属静态再结晶过程模拟的方法。

6.1 金属静态再结晶的基本原理

再结晶晶核由亚晶成长机制和已有晶界的局部变形诱发迁移凸出形核产生。金属静态再结晶的形核部位最先是在三个晶界的交点处优先产生，其次在晶界处发生，通常不发生在晶内[1]。只有在低温大变形量下，在晶内形成非常强的变形带后，才能在晶内的变形带上形核。同时由于变形的不均匀性，金属静态再结晶晶核的形成也是不均匀的，因此容易产生初期的大直径晶粒。

再结晶的驱动力是储存能，它以结构缺陷所伴生的能量方式存在。影响储存能的因素可以分为两大类：一类是工艺条件，其中主要是变形量、变形温度和变形速率；另一类是材料的内在因素，主要是材料的化学成分和冶金状态等。储存能随变形量的增加而增加，到一定数值后其增加速率减慢，逐渐趋于饱和。增加变形温度和降低变形速率对储存能的影响是一致的，都是由于加工硬化程度降低而使储存能减少。在相同条件下变形的金属，储存能将随金属熔点的降低而减小（银除外）。使金属强化的第二相和固溶体中溶质含量的增加都会使储存能增加。在其他条件相同的情况下，细晶粒比粗晶粒的储存能高。

6.2 描述金属静态再结晶的数学模型

与静态再结晶相关的物理冶金过程(参量)有孕育期、静态回复、静态再结晶激活能、静态析出、晶粒长大等，下面给出相关的数学模型。

1. 孕育期模型[2]

一般来说，静态再结晶不会在瞬间突然完成，它需要有孕育期，只有当再结晶能量逐渐积累，达到一定的数值时，再结晶才能发生。静态再结晶的孕育期与温度、前期变形、晶粒直径等因素有关，孕育期的时间可由式(6.1)计算：

$$\tau = \tau_0 d_0^{m_\tau} \dot{\varepsilon}^{n_\tau} \varepsilon^{l_\tau} \exp(Q_\tau / (RT)) \tag{6.1}$$

式中，τ_0、m_τ、n_τ 和 l_τ 为常数；Q_τ 为表面激活能。

2. 静态回复模型

在金属热变形之后，静态回复和静态再结晶的存在使得位错密度不断减小。式(6.2)为位错密度与静态回复关系模型[3]：

$$d\rho / dt = -k(\rho - \rho_0)^n \tag{6.2}$$

式中，k 为静态回复影响系数，其值由式(6.3)得到[4]

$$k = k_0 d_0^{m_k} \exp(-Q_k / (RT)) \tag{6.3}$$

式中，k_0、m_k 和 Q_k 为常数。由式(6.2)和式(6.3)可得

$$\rho = (\rho_d - \rho_0) \exp(-kt) + \rho_0 \tag{6.4}$$

式中，ρ_d 为变形结束时的位错密度。

3. 静态再结晶激活能模型

Q_s 为静态再结晶激活能，它与材料中合金元素的质量分数有关，其值可由热模拟实验间接获得，一类典型低合金钢的静态再结晶激活能与化学成分的关系可用式(6.5)表示[5,6]：

$$\begin{aligned} Q_s = &124714 + 28385.68w(Mn) + 64716.68w(Si) + 72775.4w(Mo) \\ &+ 76830.32w(Ti)^{0.123} + 121100.37w(Nb)^{0.10} \end{aligned} \tag{6.5}$$

式中，$w(Mn)$表示 Mn 元素的质量分数，其他同。

4. 静态析出模型

在含 Nb、Ti 等微合金元素钢在热变形过程中，应变诱导析出行为将影响静态再结晶的进行，能够对静态再结晶起到明显的抑制作用，在等温变形并保温过程中，软化率曲线出现平台。出现平台的最高温度定义为静态再结晶临界温度。Jonas 等[7]定义的未再结晶温度(T_{nr})与静态再结晶临界温度大致相同，其物理意义为抑制再结晶的开始温度。文献[8]通过对实验数据的分析和回归得到了 T_{nr} 与合金成分之间的关系，如下所述：

$$T_{nr} = 845 + 54w(C) + 36w(Si) + 43w(Al) + 988w(Ti) \\ + 4750w(Nb) - 644\sqrt{w(Nb)} + 720w(V) - 240\sqrt{w(V)} \tag{6.6}$$

Dutta 和 Sellars 建立了析出孕育期(析出发生 5%所对应的时间，$t_{0.05}$)模型，如式(6.7)所示[9]：

$$t_{0.05} = Aw(Nb)^{-1}\varepsilon^{-1}Z^{-0.5}\exp\frac{Q_d}{RT}\exp\frac{B}{T^3(\ln k_s)^2} \tag{6.7}$$

式中，A 是常数；Q_d 是 Nb 钢的扩散激活能；T 是变形时的温度；k_s 是过饱和率，可由式(6.8)求出：

$$k_s = \frac{10^{-6770/T_{rh}+2.26}}{10^{-6770/T+2.26}} \tag{6.8}$$

式中，T_{rh} 是奥氏体化温度。

$$t_{0.95} = \left(\frac{\ln 0.05}{\ln 0.95}\right)^{1/n} t_{0.05} \tag{6.9}$$

式中，$t_{0.95}$ 被认为是析出结束的时间；n 对于固定化学成分的钢是常数。

5. 晶粒长大速率模型

晶粒长大的本质是晶界在晶体组织中的迁移[10]。导致晶界运动的是界面能通过晶界曲率所提供的驱动力。表征晶界运动能力的物理量是晶界的迁移率，它定义为晶界在单位驱动力作用下的迁移速率。晶粒长大速率 v 与迁移率 m 及作用在单位面积晶界上的驱动力 P 之间存在如下关系[11]：

$$v = mP \tag{6.10}$$

其晶界迁移率 m 与晶界扩散系数 D_0、晶界移动激活能 Q_b 等有关，可表示为

$$m = b^2 / (k_B T)D_0 \exp(-Q_b / (RT)) \tag{6.11}$$

式中，k_B 为 Boltzmann 常量；R 为气体常数；T 为热力学温度。其晶界移动的驱动力 P 可表示为

$$P = 0.5\rho\mu\boldsymbol{b}^2 \tag{6.12}$$

式中，$\boldsymbol{b}$ 为伯格斯矢量；μ 为剪切模量；ρ 为位错密度。

6.3　元胞自动机模型用于模拟金属静态再结晶的方法

6.3.1　建立金属静态再结晶的元胞自动机模型

利用元胞自动机进行过程模拟的第一步是建立合适的元胞自动机模型，包括选择元胞的网格和尺寸、确定邻居的类型等。

1. 元胞空间的选择

本节研究对象选定为二维空间内的一个正方形区域，其边长为 l，面积为 $l \times l$。在此微区内划分等间距四方形网格，将每个网格作为一个元胞。模拟区域划分为 $n \times n$ 个元胞，各个元胞尺寸相同，边长 a 均为 l/n，见图 6.1。

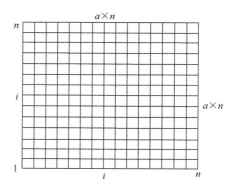

图 6.1　二维元胞自动机网格空间

模拟的区域及元胞可以赋予其长度单位（如 μm），此时获得的晶粒形状尺寸与实际试样的晶粒特征具有可比性；元胞尺寸也可以采用无量纲形式，此时晶粒尺寸与实际晶粒不一定具有可比性，但是晶粒形状具有可比性。当我们希望通过元胞自动机模拟获得晶粒尺寸方面的信息时，需要为元胞赋予长度单位。

一般来说，研究对象区域的尺寸需要满足统计学要求，如果区域太小，那么所生成的晶粒数目太少，反映不出晶粒形核及长大过程的统计学规律；同时也要考虑计算机的存储和计算能力，区域太大会徒劳，增加计算时间，这样也没有必要。在区域确定的情况下，元胞的尺寸越小，逼近晶粒真实形状的能力越强，但是模拟计算的时间要相应加长。区域大小与元胞尺寸有关，根据实际模拟计算经验，用元胞自动机方法模拟静态再结晶时，取元胞边长 $a=1\mu m$，研究对象区域采用 500×500 个元胞网格，可以得到令人满意的模拟效果。

2. 邻居类型和边界条件的选择

介观组织演变元胞自动机模拟中常用的几种邻居构型有 von Neumann 型、Moore 型和 Margolus 型，此外，还有一些扩展型邻居，如 Moore 扩展型、Alternant Moore 型等，如图 2.5 所示。图 6.2 为分别采用 von Neumann 型邻居、Moore 型邻居和 Alternant Moore 型邻居关系所得到的再结晶过程的介观组织形貌。可以看出，不同的邻居类型只改变模拟组织的形貌。

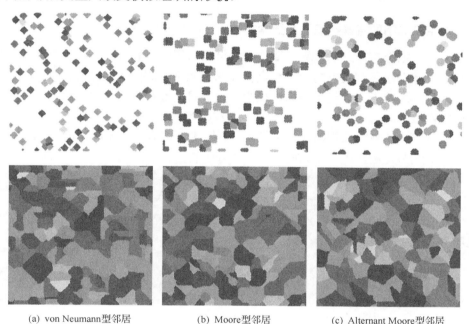

(a) von Neumann型邻居　　　　(b) Moore型邻居　　　　(c) Alternant Moore型邻居

图 6.2　采用不同邻居构型时得到的再结晶过程的介观组织形貌(彩图见文后)

采用 von Neumann 型邻居时得到的晶粒在互相接触之前呈菱形；采用 Moore 型邻居关系得到的晶粒在接触之前呈正方形，最终组织中的晶界多为水平线、垂直线或与水平方向成 45° 角的斜线；而采用 Alternant Moore 型邻居关系得到的晶粒在接触前呈八边形，最终组织更加接近等轴晶。因此，对奥氏体再结晶过程模拟采用 Alternant Moore 型邻居，边界条件采用周期性边界条件。

6.3.2　元胞的状态变量

模型赋予每个元胞 5 个状态变量：

（1）位错密度变量。元胞初始位错密度 ρ_0 为变形后的位错密度，静态回复和静态再结晶使位错密度降低。

（2）晶粒取向变量。对新生成的再结晶元胞随机取 1～180 的数作为取向值，指出其所属的晶粒，取向值相同的相邻元胞属于同一个晶粒，不同的晶粒对应着不同的颜色。

（3）晶粒编号变量。用来存放该元胞所属的晶粒，以统计生成的晶粒总数，计算平均晶粒尺寸。

（4）再结晶标志变量。0 表示未再结晶状态，1 表示再结晶状态。

（5）晶界变量。用于标志晶界元胞位置。

6.3.3　生成母相的背景组织及其数学模型

为了模拟静态再结晶过程，要先建立母相组织的背景模型，得到初始晶粒的分布。具体做法是：根据初始晶粒直径计算出元胞空间内需要抛撒的形核数目。采用均匀形核的方式在元胞空间内抛撒一定数目的晶核，以随机方式置入元胞自动机的格子中。

抛撒的形核数目由初始晶粒直径决定，如式（6.13）和式（6.14）所示。母相晶粒可以近似认为是圆形的，由元胞空间面积守恒得

$$N\pi(d_0 / 2)^2 = Ya^2 \qquad (6.13)$$

式中，N 为母相形核数目；Y 为元胞总数；d_0 为初始晶粒直径；a 为元胞尺寸，即元胞边长。由式（6.13）可得

$$N = 4Ya^2 / (\pi d_0^{\,2}) \qquad (6.14)$$

6.3.4　形核与长大转变规则

元胞自动机模拟再结晶的形核规则主要有位置过饱型形核规则、一定速率型形核规则和概率型形核规则。

（1）位置过饱型形核规则。即在形核一开始就以确定的形核数随机分布抛撒到元胞网格空间，在晶核长大的过程中不再形核，直到再结晶完而停止。

（2）一定速率型形核规则。即以一定的形核数随机抛撒形核后，在每一时间步长都继续以这样的规则向未形核区抛撒新的晶核，直至再结晶完，其中在每一时间步长向未再结晶区所抛撒的晶核数是可以变化的。

（3）概率型形核规则。每个元胞生成一个形核的随机数 $R_N (0 < R_N < 1)$，如果形核随机数 R_N 小于或等于再结晶的形核概率 P_N（即 $R_N \leqslant P_N$），则该未再结晶元胞形核。形核概率 P_N 由式（6.15）确定[11]：

$$P_N = I_s \mathrm{d}t / Y \qquad (6.15)$$

式中，dt 为时间步长；I_s 为静态再结晶形核率，可采用如下公式求得：

$$I_s = C_0(E_d - E_d^c)\exp[-Q_s / (k_B T)] \tag{6.16}$$

式中，C_0 为常数；E_d 为变形储存能；E_d^c 为发生静态再结晶形核的临界储存能；k_B 为 Boltzmann 常量；Q_s 为静态再结晶激活能。

下面以一定速率型形核规则加以说明。

采用一定速率型形核规则时，形核只发生在奥氏体晶界处的元胞上。在元胞空间中，dt 时间步长中形核的晶粒数量为

$$N_s = I_s Y a^2 dt \tag{6.17}$$

则 dt 时间步长中形核的元胞数量 B 由式(6.18)决定：

$$B = N_s(\pi d_s^2 / 4) / a^2 \tag{6.18}$$

式中，d_s 为再结晶临界核心直径[12]；a 为元胞尺寸，即元胞边长。

一旦元胞开始形核，就会以速率 v 向其近邻长大，使其近邻的元胞从未结晶状态转化为已结晶的状态。当采用确定型长大演化规则时，晶粒长大速率 v 可由式(6.10)计算得到，dt 时间步长中形核的元胞向近邻未结晶元胞的生长距离 l 为

$$l = \int_0^t v\,dt \tag{6.19}$$

若 $l \geqslant a$，则认为该近邻由未再结晶元胞转变为静态再结晶元胞。

6.3.5　再结晶晶粒的形成与处理

1) 晶粒碰撞检验

满足形核条件的元胞形核以后，当满足长大规则时会以一定的速率向其近邻生长，但是当相邻长大晶粒相互碰撞时晶粒停止生长。

2) 静态再结晶转变分数计算

静态再结晶转变分数可以表示如下：

$$X_{srx} = Y_{sr} / Y \tag{6.20}$$

式中，Y_{sr} 为已经发生静态再结晶的元胞数目；Y 为元胞总数。

3) 晶粒尺寸分布统计

对每个新生成的静态再结晶元胞进行标志(晶粒取向值)，指出其所属的晶粒，取向值相同的属于同一个晶粒。在程序中平均晶粒尺寸是根据同一个晶粒所包含

的多个元胞的面积来统计和计算的。

6.4　金属静态再结晶的元胞自动机模拟程序

6.4.1　模拟程序框图

根据上述模型和方法，做出模拟静态再结晶过程的程序流程图如图 6.3 所示。

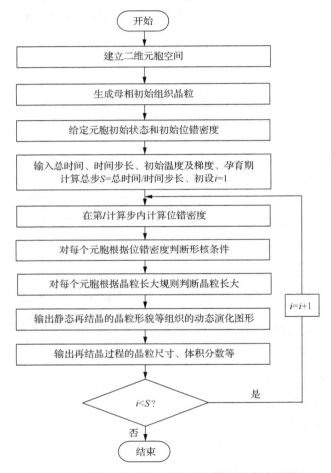

图 6.3　静态再结晶的元胞自动机模拟程序流程图

6.4.2　生成母相背景组织程序

按照上述母相背景组织的数学模型编制的 MATLAB 程序如下，程序中给出了生成母相晶粒组织的部分程序。

（1）母相晶粒形核。

```
inuc=1;
while inuc<=NNUC
x=floor(rand*XMAX)+1;
y=floor(rand*YMAX)+1;
if state(x,y)==0&gn(x,y)==0,
        state(x,y)=1;
        gn(x,y)=inuc;
        ori(x,y)=rand*MORI;
        cstate(x,y)=1;
        inuc=inuc+1;
end
end
```

（2）边界条件处理。

```
x=floor(rand*XMAX)+1;
y=floor(rand*YMAX)+1;
        im=x-1;
        if im<1
            im=XMAX;
        end
        ip=x+1;
        if ip>XMAX
            ip=1;
        end
        jm=y-1;
        if jm<1
            jm=YMAX;
        end
        jp=y+1;
        if jp>YMAX
            jp=1;
        end
```

（3）晶粒长大规则。

```
if rem(cas,2)==0
```

```
      if state(im,y)==1&gn(im,y)~=0,
            gn(x,y)=gn(im,y);
            ori(x,y)=ori(im,y);
            irx=irx+1;
      elseif  state(x,jp)==1&gn(x,jp)~=0,
            gn(x,y)=gn(x,jp);
            ori(x,y)=ori(x,jp);
            irx=irx+1;
      elseif  state(ip,y)==1&gn(ip,y)~=0,
            gn(x,y)=gn(ip,y);
            ori(x,y)=ori(ip,y);
            irx=irx+1;
      elseif state(x,jm)==1&gn(x,jm)~=0,
            gn(x,y)=gn(x,jm);
            ori(x,y)=ori(x,jm);
            irx=irx+1;
      elseif state(ip,jp)==1&gn(ip,jp)~=0,
            gn(x,y)=gn(ip,jp);
            ori(x,y)=ori(ip,jp);
            irx=irx+1;
      elseif state(im,jm)==1&gn(im,jm)~=0,
            gn(x,y)=gn(im,jm);
            ori(x,y)=ori(im,jm);
            irx=irx+1;
      end
else
      if state(im,y)==1&gn(im,y)~=0,
            gn(x,y)=gn(im,y);
            ori(x,y)=ori(im,y);
            irx=irx+1;
      elseif state(x,jp)==1&gn(x,jp)~=0,
            gn(x,y)=gn(x,jp);
            ori(x,y)=ori(x,jp);
            irx=irx+1;
      elseif state(ip,y)==1&gn(ip,y)~=0,
```

```
              gn(x,y)=gn(ip,y);
              ori(x,y)=ori(ip,y);
              irx=irx+1;
      elseif state(x,jm)==1&gn(x,jm)~=0,
              gn(x,y)=gn(x,jm);
              ori(x,y)=ori(x,jm);
              irx=irx+1;
      elseif state(ip,jm)==1&gn(ip,jm)~=0,
              gn(x,y)=gn(ip,jm);
              ori(x,y)=ori(ip,jm);
              irx=irx+1;
      elseif state(im,jp)==1&gn(im,jp)~=0,
              gn(x,y)=gn(im,jp);
              ori(x,y)=ori(im,jp);
              irx=irx+1;
      end
  end
```

6.4.3　变形间歇的静态再结晶程序

下面是变形间歇奥氏体静态再结晶的部分元胞自动机程序。

（1）晶界形核。

```
x=floor(rand*XMAX)+1;
y=floor(rand*YMAX)+1;
if state(x,y)==2&bn(x,y)==0&steng(x,y)>p0&bcstate(x,y)==0;
      bstate(x,y)=1;
      sbnuc=sbnuc+1;
      bn(x,y)=sbnuc;
      steng(x,y)=p0;
      ori(x,y)=rand*MORI;
      bcstate(x,y)=1;
      snuc=snuc+1;
end
..........
```

（2）静态再结晶。

```
newbn=zeros(XMAX,YMAX);
```

```
newsteng=zeros(XMAX,YMAX);
newori=zeros(XMAX,YMAX);
for x=1:XMAX
    for y=1:YMAX
            if bstate(x,y)==0&bn(x,y)==0&bcstate(x,y)==0
```

………

%省略边界条件处理等，可参考 6.4.2 节

```
            if rem(ss,2)==0
                if bstate(im,y)==1&bn(im,y)~=0,
                    v(im,y)=v(im,y)+b^2/(k*T)*Dr*exp(-Qb/(R*T))*(0.5*
                    steng(x,y)*(u*1.0e6)*b*b);
                    if v(im,y)*stt>=(a*1.0e-6)
                            newbn(x,y)=bn(im,y);
                            newsteng(x,y)=p0;
                            newori(x,y)=ori(im,y);
                            sbrx=sbrx+1;
                    end
                elseif bstate(ip,y)==1&bn(ip,y)~=0,
                    v(ip,y)=v(ip,y)+b^2/(k*T)*Dr*exp(-Qb/(R*T))*(0.5*
                    steng(x,y)*(u*1.0e6)*b*b);
                    if v(ip,y)*stt>=(a*1.0e-6)
                            newbn(x,y)=bn(ip,y);
                            newsteng(x,y)=p0;
                            newori(x,y)=ori(ip,y);
                            sbrx=sbrx+1;
                    end
                elseif bstate(x,jp)==1&bn(x,jp)~=0,
                    v(x,jp)=v(x,jp)+b^2/(k*T)*Dr*exp(-Qb/(R*T))*(0.5*
                    steng(x,y)*(u*1.0e6)*b*b);
                    if v(x,jp)*stt>=(a*1.0e-6)
                            newbn(x,y)=bn(x,jp);
                            newsteng(x,y)=p0;
                            newori(x,y)=ori(x,jp);
                            sbrx=sbrx+1;
```

```
        end
    elseif bstate(x,jm)==1&bn(x,jm)~=0,
        v(x,jm)=v(x,jm)+b^2/(k*T)*Dr*exp(-Qb/(R*T))*(0.5*
        steng(x,y)*(u*1.0e6)*b*b);
        if v(x,jm)*stt>=(a*1.0e-6)
            newbn(x,y)=bn(x,jm);
            newsteng(x,y)=p0;
            newori(x,y)=ori(x,jm);
            sbrx=sbrx+1;
        end
    elseif bstate(ip,jp)==1&bn(ip,jp)~=0,
        v(ip,jp)=v(ip,jp)+b^2/(k*T)*Dr*exp(-Qb/(R*T))*(0.5*
        steng(x,y)*(u*1.0e6)*b*b);
        if v(ip,jp)*stt>=(a*1.0e-6)
            newbn(x,y)=bn(ip,jp);
            newsteng(x,y)=p0;
            newori(x,y)=ori(ip,jp);
            sbrx=sbrx+1;
        end
    elseif bstate(im,jm)==1&bn(im,jm)~=0,
        v(im,jm)=v(im,jm)+b^2/(k*T)*Dr*exp(-Qb/(R*T))*(0.5*
        steng(x,y)*(u*1.0e6)*b*b);
        if v(im,jm)*stt>=(a*1.0e-6)
            newbn(x,y)=bn(im,jm);
            newsteng(x,y)=p0;
            newori(x,y)=ori(im,jm);
            sbrx=sbrx+1;
        end
    end
else
    if bstate(im,y)==1&bn(im,y)~=0,
        v(im,y)=v(im,y)+b^2/(k*T)*Dr*exp(-Qb/(R*T))*(0.5*
        steng(x,y)*(u*1.0e6)*b*b);
        if v(im,y)*stt>=(a*1.0e-6)
            newbn(x,y)=bn(im,y);
```

```
                    newsteng(x,y)=p0;
                    newori(x,y)=ori(im,y);
                    sbrx=sbrx+1;
              end
        elseif bstate(ip,y)==1&bn(ip,y)~=0,
              v(ip,y)=v(ip,y)+b^2/(k*T)*Dr*exp(-Qb/(R*T))*(0.5*
              steng(x,y)*(u*1.0e6)*b*b);
              if v(ip,y)*stt>=(a*1.0e-6)
                    newbn(x,y)=bn(ip,y);
                    newsteng(x,y)=p0;
                    newori(x,y)=ori(ip,y);
                    sbrx=sbrx+1;
              end
        elseif bstate(x,jp)==1&bn(x,jp)~=0,
              v(x,jp)=v(x,jp)+b^2/(k*T)*Dr*exp(-Qb/(R*T))*(0.5*
              steng(x,y)*(u*1.0e6)*b*b);
              if v(x,jp)*stt>=(a*1.0e-6)
                    newbn(x,y)=bn(x,jp);
                    newsteng(x,y)=p0;
                    newori(x,y)=ori(x,jp);
                    sbrx=sbrx+1;
              end
        elseif bstate(x,jm)==1&bn(x,jm)~=0,
              v(x,jm)=v(x,jm)+b^2/(k*T)*Dr*exp(-Qb/(R*T))*(0.5*
              steng(x,y)*(u*1.0e6)*b*b);
              if v(x,jm)*stt>=(a*1.0e-6)
                    newbn(x,y)=bn(x,jm);
                    newsteng(x,y)=p0;
                    newori(x,y)=ori(x,jm);
                    sbrx=sbrx+1;
              end
        elseif bstate(ip,jm)==1&bn(ip,jm)~=0,
              v(ip,jm)=v(ip,jm)+b^2/(k*T)*Dr*exp(-Qb/(R*T))*(0.5*
              steng(x,y)*(u*1.0e6)*b*b);
          if v(ip,jm)*stt>=(a*1.0e-6)
```

```
                newbn(x,y)=bn(ip,jm);
                newsteng(x,y)=p0;
                newori(x,y)=ori(ip,jm);
                sbrx=sbrx+1;
            end
        elseif bstate(im,jp)==1&bn(im,jp)~=0,
            v(im,jp)=v(im,jp)+b^2/(k*T)*Dr*exp(-Qb/(R*T))*(0.5*
            steng(x,y)*(u*1.0e6)*b*b);
            if v(im,jp)*stt>=(a*1.0e-6)
                newbn(x,y)=bn(im,jp);
                newsteng(x,y)=p0;
                newori(x,y)=ori(im,jp);
                sbrx=sbrx+1;
            end
        end
    end
end

end
end
…………
```

6.4.4　晶粒图形显示后处理程序

下面为奥氏体晶粒图形显示后处理的部分元胞自动机程序。

```
%晶粒长大图形显示
[i,j] = find(ori>0&ori<=5);
plot(i,j,'.', …
'Color',[1 1 0], …
'MarkerSize',5);
[i,j] = find(ori>5&ori<=10);
plot(i,j,'.', …
'Color',[1 0 0], …
'MarkerSize',5);
[i,j] = find(ori>10&ori<=15);
```

```
plot(i,j,'.', …
'Color',[0 1 1], …
'MarkerSize',5);
[i,j] = find(ori>15&ori<=20);
plot(i,j,'.', …
'Color',[0.5 0.5 0.5], …
'MarkerSize',5);
[i,j] = find(ori>20&ori<=25);
plot(i,j,'.', …
'Color',[0.5 1 0], …
'MarkerSize',5);
[i,j] = find(ori>25&ori<=30);
plot(i,j,'.', …
'Color',[1 0.62 0.4], …
'MarkerSize',5);
[i,j] = find(ori>30&ori<=35);
plot(i,j,'.', …
'Color',[0.49 1 0.83], …
'MarkerSize',5);
[i,j] = find(ori>35&ori<=40);
plot(i,j,'.', …
'Color',[1 0 1], …
'MarkerSize',5);
[i,j] = find(ori>40&ori<=45);
plot(i,j,'.', …
'Color',[0.2 1 0.5], …
'MarkerSize',5);
[i,j] = find(ori>45&ori<=50);
plot(i,j,'.', …
'Color',[1 0.2 0.2], …
'MarkerSize',5);
[i,j] = find(ori>50&ori<=55);
plot(i,j,'.', …
'Color',[0.1 0.5 0], …
```

```
'MarkerSize',5);
[i,j] = find(ori>55&ori<=60);
plot(i,j,'.', …
'Color',[1 0 0.5], …
'MarkerSize',5);
[i,j] = find(ori>60&ori<=65);
plot(i,j,'.', …
'Color',[0.6 0.6 0], …
'MarkerSize',5);
[i,j] = find(ori>65&ori<=70);
plot(i,j,'.', …
'Color',[0 1 0], …
'MarkerSize',5);
[i,j] = find(ori>70&ori<=75);
plot(i,j,'.', …
'Color',[1 0 0], …
'MarkerSize',5);
[i,j] = find(ori>75&ori<=80);
plot(i,j,'.', …
'Color',[0 0 1], …
'MarkerSize',5);
[i,j] = find(ori>80&ori<=85);
plot(i,j,'.', …
'Color',[0.4 0.8 0.2], …
'MarkerSize',5);
[i,j] = find(ori>85&ori<=90);
plot(i,j,'.', …
'Color',[0 0.2 0.5], …
'MarkerSize',5);
[i,j] = find(ori>90&ori<=95);
plot(i,j,'.', …
'Color',[0.5 0 1], …
'MarkerSize',5);
[i,j] = find(ori>95&ori<=100);
```

```
plot(i,j,'.', …
'Color',[0.2 1 0.5], …
'MarkerSize',5);
[i,j] = find(ori>100&ori<=105);
plot(i,j,'.', …
'Color',[0 0.3 1], …
'MarkerSize',5);
[i,j] = find(ori>105&ori<=110);
plot(i,j,'.', …
'Color',[0 1 0.4], …
'MarkerSize',5);
[i,j] = find(ori>110&ori<=115);
plot(i,j,'.', …
'Color',[1 0.8 0.5], …
'MarkerSize',5);
[i,j] = find(ori>115&ori<=120);
plot(i,j,'.', …
'Color',[0 1 0.5], …
'MarkerSize',5);
[i,j] = find(ori>120&ori<=125);
plot(i,j,'.', …
'Color',[0 0.3 0.5], …
'MarkerSize',5);
[i,j] = find(ori>125&ori<=130);
plot(i,j,'.', …
'Color',[0.4 0 0.6], …
'MarkerSize',5);
[i,j] = find(ori>130&ori<=135);
plot(i,j,'.', …
'Color',[0.1 0.1 0.8], …
'MarkerSize',5);
[i,j] = find(ori>135&ori<=140);
plot(i,j,'.', …
'Color',[0.5 0.1 0.2], …
```

```
'MarkerSize',5);
[i,j] = find(ori>140&ori<=145);
plot(i,j,'.', ...
'Color',[0.9 0.1 0.5], ...
'MarkerSize',5);
[i,j] = find(ori>145&ori<=150);
plot(i,j,'.', ...
'Color',[0 0.3 0.8], ...
'MarkerSize',5);
[i,j] = find(ori>150&ori<=155);
plot(i,j,'.', ...
'Color',[0.7 0.7 0.7], ...
'MarkerSize',5);
[i,j] = find(ori>155&ori<=160);
plot(i,j,'.', ...
'Color',[0.5 0.8 0.1], ...
'MarkerSize',5);
[i,j] = find(ori>160&ori<=165);
plot(i,j,'.', ...
'Color',[0.6 0.1 0.2], ...
'MarkerSize',5);
[i,j] = find(ori>165&ori<=170);
plot(i,j,'.', ...
'Color',[0.1 0.6 0.3], ...
'MarkerSize',5);
[i,j] = find(ori>170&ori<=175);
plot(i,j,'.', ...
'Color',[0.8 0.3 0], ...
'MarkerSize',5);
[i,j] = find(ori>175&ori<=180);
plot(i,j,'.', ...
'Color',[0.2 0.9 0.2], ...
'MarkerSize',5);
drawnow
```

…………

6.5　双道次压缩热模拟实验的元胞自动机模拟结果

6.5.1　模拟条件

所模拟的 A、B 两个钢种的化学成分如表 6.1 所示，各个钢种的压缩变形工艺参数如表 6.2 所示。

表 6.1　钢的化学成分（质量分数，%）

钢种	C	Si	Mn	S	P	Al	Nb	V	N
A	0.17	0.33	1.43	0.005	0.015	0.0239	0.031	0.081	—
B	0.12	0.17	1.16	0.005	0.005	—	0.01	—	0.0023

表 6.2　双道次压缩变形工艺参数

钢种	应变速率/s^{-1}	应变（$\varepsilon_1 + \varepsilon_2$）	变形温度/℃	道次间隔时间/s
A	1	0.4+0.4	800～1100	1，5，10，20，50
B	5	0.2+0.2	800～1100	1，5，10，20，50

6.5.2　静态软化率曲线模拟结果

图 6.4 为不同温度下模拟得到的静态再结晶动力学曲线[13]。可以看出，再结晶分数与时间的关系曲线都呈"S"形。结果表明，当静态析出没有发生时，不同温度对静态再结晶动力学曲线的形状没有影响，只是影响静态再结晶的完成时间；当静态析出开始时，静态再结晶被抑制，再结晶分数不再增加。

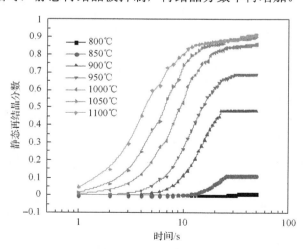

图 6.4　B 钢静态软化率和时间的关系

6.5.3　介观组织演变模拟结果

图 6.5 为 A 钢在应变速率为 $1s^{-1}$、950℃变形后静态再结晶组织随道次间隔时间的演变过程[13]。图 6.5(a) 为第一道次应变为 0.4 完成的，奥氏体发生了极少部分的动态再结晶。在随后的道次间隔中，已经在变形期间形核的晶粒会继续长大，同时还有静态再结晶晶粒形核和长大，即发生了亚动态再结晶，如图 6.5(b)～(f) 所示。

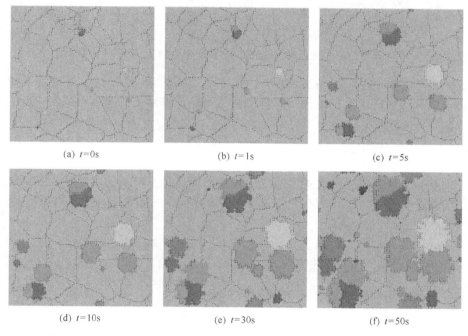

(a) $t=0s$　　　　　　　(b) $t=1s$　　　　　　　(c) $t=5s$

(d) $t=10s$　　　　　　(e) $t=30s$　　　　　　(f) $t=50s$

图 6.5　A 钢静态再结晶组织演变过程(应变速率 $1s^{-1}$，变形温度 950℃)

图 6.6 为 B 钢在应变速率为 $5s^{-1}$、850℃变形后静态再结晶组织随道次间隔时间的演变过程。图 6.6(a) 为第一道次应变为 0.2 完成的，由于变形量很小，奥氏体没有发生动态再结晶，在随后的道次间隔中，有静态再结晶晶粒形核和长大，

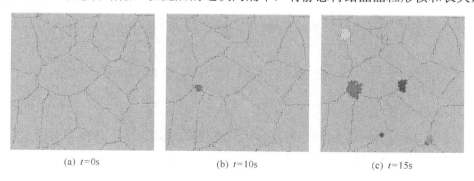

(a) $t=0s$　　　　　　　(b) $t=10s$　　　　　　(c) $t=15s$

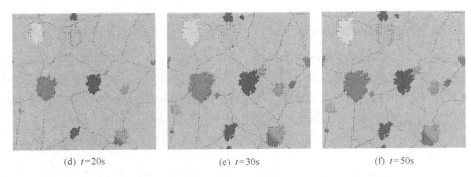

(d) t=20s　　　　　　　　(e) t=30s　　　　　　　　(f) t=50s

图 6.6　B 钢静态再结晶组织演变过程(应变速率 5s^{-1}，变形温度 850℃)

即发生了静态再结晶，如图 6.6(b)～(e)所示。从图 6.6(e)和(f)对比可以看出，静态再结晶分数不再增加，表明是静态析出开始，抑制了静态再结晶的进行，与图 6.4 结果相符合。

6.5.4　位错密度演变模拟结果

图 6.7 为 B 钢位错密度变化曲线[13]，变形条件是：应变速率 5s^{-1}，应变 0.2，变形温度分别为 900℃和 1000℃。在道次间隔期间，由于静态再结晶和静态回复的作用，位错密度减小。

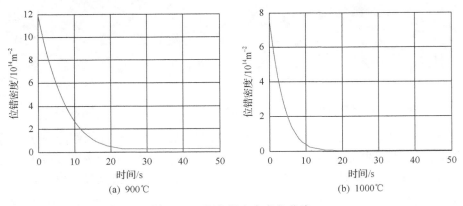

(a) 900℃　　　　　　　　　　　　　　(b) 1000℃

图 6.7　B 钢位错密度变化曲线

6.6　冷轧差厚板再结晶退火的元胞自动机模拟结果

6.6.1　模拟条件

所用钢材料为 CR340 差厚板，其化学成分如表 6.3 所示。在实验轧机上轧制出规格分别为薄区 1mm、厚区 2mm(1#)以及薄区 1.5mm、厚区 2mm(2#)两种规格的差厚板样品。

表 6.3　实验钢种的化学成分　　　　　　　　　　（质量分数/%）

钢种	C	Si	Mn	P	S	Al
CR340	0.077	0.341	0.429	0.058	0.004	0.047

采用以下基本假设：①材料组织模拟过程的生长在晶粒长大到互相碰撞时结束；②只将实际材料组织的平均晶粒尺寸耦合进入初始材料的元胞自动机模型中；③对于材料的冷轧模拟，只简单考虑纵向压扁和横向伸长，不考虑位错及晶粒等微观变化。

采用等温退火工艺对 CR340 冷轧差厚板不同区域进行退火，退火实验在 SX-2-12 管式退火炉中进行，试样温度由在其附近的热电偶直接测得。在实验过程中，首先将炉温加热到设定温度，待炉温稳定一段时间后，将试样放入，保温指定的时间再空冷到室温。

元胞单元采用四方形网格，模型将模拟区域划分为 1000×1000 的二维元胞空间，每个元胞边长 a 为 0.1μm。采用 Alternant Moore 型邻居和周期性边界条件。元胞自动机模拟过程中，每一个元胞可以有很多不同的状态和信息，其中主要包括：

(1)状态信息 state。数值为 0、1、2，反映了元胞网格的状态(未再结晶、再结晶、再结晶晶界等)。通常会根据元胞自动机和相关原理，赋予其一个状态和转变规则，在组织演变的过程中，其数值不断发生变化，最终通过转换反映出微观组织的演变。

(2)取向信息 ori。数值为 0~180 的随机数，反映了元胞网格的取向，也是再结晶晶粒的取向。同样，每一个元胞的取向信息都会随着模拟过程的进行根据相关的规则进行演变，计算机仿真方面反映在最终微观组织晶粒的颜色上。如果元胞发生形核或者被形核晶粒吞噬，则状态信息 state 从 0 变为 1。因此，本书采用元胞的 state 是否为 1 作为是否形核的判据。

(3)晶粒编号变量。用来存放该元胞所属的晶粒，以统计生成的晶粒总数，计算平均晶粒尺寸。

(4)再结晶标志变量。0 表示未再结晶状态，1 表示再结晶状态。

(5)晶界变量。用于标志晶界元胞位置。

6.6.2　初始冷轧态组织模拟结果

虽然晶体塑性有限元理论能较好地把微观的力学原理和宏观的加工工艺相结合，但目前，就其微观机理，世界上仍是百家争鸣，各执一词[14]。另外，由于其复杂性，本书在模拟冷轧过程时采用了坐标系压缩法(图 6.8)。坐标系压缩法是指在初始来料的模拟结束之后，直接将元胞自动机网格的上下两个边缘坐标系进行压缩，以达到变形的目的。经比较得到的组织与实际组织比较相似，虽然精度和实际情况有一些差异，但是相比利用晶体塑性有限元方法节省了大量的时间和精力，计算周期也大大缩短。然而，坐标系压缩法会导致元胞变形，由于元胞自动机模拟退火过程时，从冷轧组织的生成到退火过程的结束是一个连续的过程，并不方便重新划分元胞网格，故采用元胞捆绑的方法来校正单位元胞，从而消除由元胞非正常变形带来的各向异性。所以，在不涉及微观机理和深层次理论模型的前提下，采用这种自创的"坐标系压缩法"，同样能较好地反映微观组织的拓扑特征及其演变过程[15]。

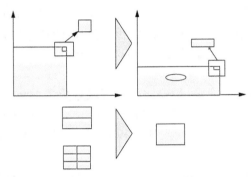

图 6.8　坐标系压缩法示意图

1. 初始冷轧态组织

为了使模拟计算中来料的组织与实验结果相近，把模拟中来料的组织形态与实验数据（平均晶粒尺寸）在程序中耦合，故初始状态的实验结果与模拟结果在微观形貌上相差不大，如图 6.9 所示。

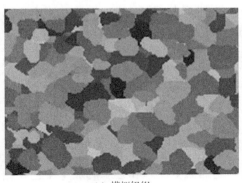

(a) 模拟组织

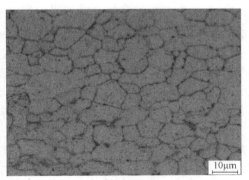

10μm

(b) 实验组织

图 6.9　冷轧前微观组织形貌

采用坐标系压缩法分别得到 3 个不同压下量的冷轧态模拟组织，由图 6.10 可以看出，变形程度越大，晶粒的形态越偏离等轴状组织。随着压下量的增加，各晶粒沿变形方向逐渐伸长。变形量越大，晶粒伸长的程度也越大，晶粒逐渐由等轴的多边形变成长方形、扁平形。当变形量很大时，晶粒呈现出如纤维状的条形，如图 6.10(c) 所示。纤维的分布方向与金属变形时的伸展方向一致。对比可知，模拟得到的晶粒形态与实验得到的冷轧薄板(压下率 9%、32% 和 55%，对应的厚度分别为 2mm、1.5mm 和 1mm) 的显微组织相近。

(a) 压下率9%　　　　　　　(b) 压下率32%　　　　　　(c) 压下率55%

图 6.10　不同厚度冷轧薄板变形后微观组织模拟

2. 退火过程中的组织演变模拟和实验对照

图 6.11 是厚度为 1mm 的试样在 600℃退火过程中的微观组织演变模拟与实验对照图，图 6.11(a) 和 (b) 的组织形态比较相近，都是再结晶刚开始阶段，再结晶晶粒在晶界附近形核并开始长大。图 6.11(c) 和 (d) 中，模拟和实验的组织有一些偏差，可以明显看出，模拟组织的再结晶晶粒在生长过程中，向周围长大的速率是固定的，故形态上近似等轴型，只有碰撞时才会发生形状的变化，而实验组织的再结晶晶粒则是不规则的几何形状。造成这种现象的原因是：模拟过程中，虽然假设了晶界处形核，但是由于不能得到组织内部的储存能分布，所以只能认为组织晶粒内部各向同性，这就造成了再结晶晶粒生长过程的失真，而实际组织中，由于位错的塞积造成了储存能的不均匀分布，尽管晶界处普遍储存能较高，但再结晶晶粒仍然可能在变形晶粒内部储存能较大的区域形核，并且在长大过程中，大角度晶界的迁移率与其两侧的储存能之差有很大关系，也就出现了再结晶晶粒形状不规则的现象。图 6.11(e) 和 (f) 为变形组织再结晶完全的微观形貌，测量两者晶粒尺寸得到：模拟组织的晶粒尺寸约为 9μm，实际晶粒尺寸略大，约为 9.5μm，可见，尽管对再结晶核心生长过程进行了一些简化，但并不影响模拟程序对最终组织以及晶粒尺寸的大致预测，分析其略小的原因，可能是模型没有考虑静态回复过程，而回复过程的进行减小了再结晶的驱动力(储存能)，这使得再结晶形核的数量相对较少，进而使得最终晶粒尺寸偏小。

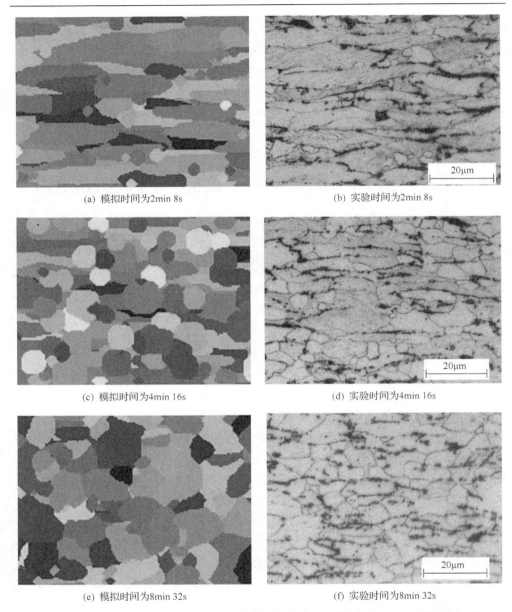

(a) 模拟时间为2min 8s　　　　　　(b) 实验时间为2min 8s

(c) 模拟时间为4min 16s　　　　　　(d) 实验时间为4min 16s

(e) 模拟时间为8min 32s　　　　　　(f) 实验时间为8min 32s

图 6.11　600℃退火过程的微观组织演变模拟与实验对照(厚度为 1mm，彩图见文后)

6.6.3　退火参数影响模拟结果

1. 不同退火温度时的模拟结果

图 6.12 为 1mm 厚的试样在 660℃退火过程的微观组织演变模拟与实验对照

情况，大体情况基本与 600℃退火时的相同，只是最终组织的晶粒尺寸更相近些，可能是由于退火温度较高，使得再结晶较早发生，回复过程对再结晶的影响作用小，而模型中没有考虑回复现象，因而使模拟结果和实验结果比较相近。

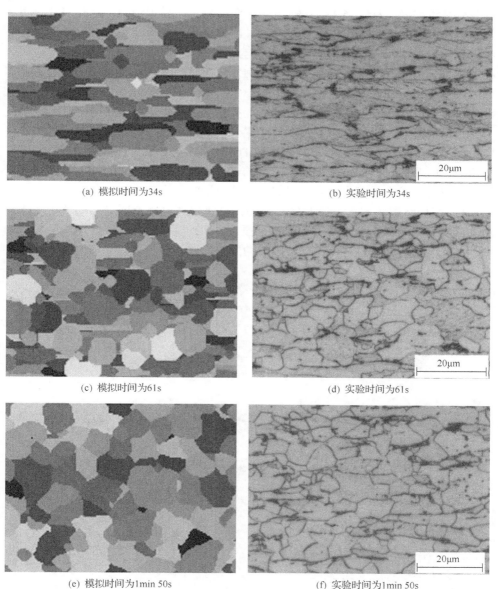

(a) 模拟时间为34s　　　　　　　　　　(b) 实验时间为34s

(c) 模拟时间为61s　　　　　　　　　　(d) 实验时间为61s

(e) 模拟时间为1min 50s　　　　　　　　(f) 实验时间为1min 50s

图 6.12　660℃退火过程的微观组织演变模拟与实验对照(厚度为 1mm)

2. 不同压下量时的模拟结果

相比 1mm 厚的冷轧薄板,1.5mm 厚的试样在 600℃ 的再结晶过程就缓慢得多,从 3min 30s 开始,有细小的再结晶晶粒形成,之后缓慢生长,直到 19min 17s 再结晶才基本完成。从图 6.13(e) 和(f) 可以明显看出,模拟组织的晶粒尺寸较实际组织要小,并且实际组织中存在较大尺寸的异常长大晶粒,可见,当压下量较小时,虽然变形组织已经基本消除(内部没有明显的亚结构),但是其消除方式,往往不完全是再结晶,压下量越小,静态回复现象越明显,对再结晶的影响也开始增大。另外,即便是发生再结晶,也不一定要形成新的核心然后逐渐生长,很有可能是再结晶晶粒长入变形组织后,消耗掉了该晶粒内部的变形储存能,使其变为“再结晶晶粒”,也有可能采取亚晶聚合机制,通过小角度晶界的迁移来最终实现储存能的释放。图 6.14 为 1.5mm 厚的试样在 660℃ 退火过程的微观组织演变模拟与实验对照情况,结果与 1mm 厚的试样类似,再结晶过程开始时间提前,导致回复现象发生得较少,对模拟的准确性也影响较小。当压下量很小(2mm 试样)时,变形组织基本上很难发生再结晶,位错仅通过小范围的运动就可以逐渐消除冷轧带来的“变形损伤”,回复过程为主要的软化机制,由于程序的模型中做了相关简化,并没有涉及回复阶段的动力学问题。

(a) 模拟时间为3min 30s

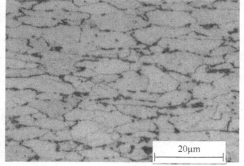

(b) 实验时间为3min 30s

(c) 模拟时间为10min 42s

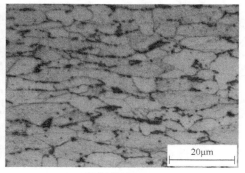

(d) 实验时间为10min 42s

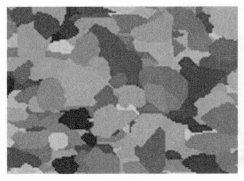 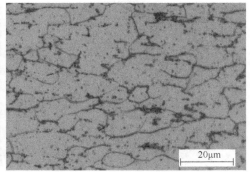

(e) 模拟时间为19min 17s　　　　　　　(f) 实验时间为19min 17s

图 6.13　600℃退火过程的微观组织演变模拟与实验对照(厚度为 1.5mm)

采用如上元胞自动机方法所编制的程序,较好地模拟了 CR340 冷轧差厚板薄区的退火过程组织变化规律,实现了退火组织原位变化过程的动态显示,这是常规方法难以做到的,证实了所开发的模拟再结晶退火元胞自动机程序可用来模拟退火过程。

 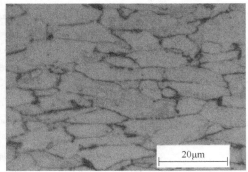

(a) 模拟时间为1min 50s　　　　　　　(b) 实验时间为1min 50s

(c) 模拟时间为3min 30s　　　　　　　(d) 实验时间为3min 30s

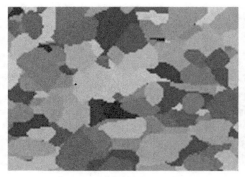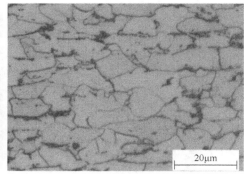

　　　　(e) 模拟时间为6min　　　　　　　　　　　(f) 实验时间为6min

图 6.14　660℃退火过程的微观组织演变模拟与实验对照（厚度为 1.5mm）

参 考 文 献

[1] 王有铭, 李曼云, 韦光. 钢材的控制轧制和控制冷却. 北京: 冶金工业出版社, 2007.

[2] Yoshie A, Morikawa H, Onoe Y, et al. Formulation of static recrystallization of austenite in hot rolling process of steel plate. Transactions of the Iron & Steel Institute of Japan, 2006, 27（6）: 425～431.

[3] Goetz R L, Seetharaman V. Modeling dynamic recrystallization using cellular automata. Scripta Materialia, 1998, 38（3）: 405～413.

[4] Yoshie A, Fujita T, Fujioka M. Formulation of the decrease in dislocation density of deformed austenite due to static recovery and recrystallization. ISIJ International, 1996, 36（4）: 474～480.

[5] Medina S F, Mancilla J E. Influence of alloying elements in solution on static recrystallization kinetics of hot deformed steels. ISIJ International, 1996, 36（8）: 1063～1069.

[6] Medina S F, Mancilla J E. Static recrystallization modeling of hot deformed steels containing several alloying elements. ISIJ International, 1996, 36（8）: 1070～1076.

[7] Pussegoda L N, Jonas J J. Comparison of dynamic recrystallization and conventional controlled rolling schedules by laboratory simulation. ISIJ International, 1991, 31（3）: 278～288.

[8] 朱丽娟. 热轧低碳 Si-Mn 系 TRIP 钢板组织性能的预测[博士学位论文]. 沈阳: 东北大学, 2007.

[9] Dutta B, Sellars C M. Effect of composition and process variables on Nb(C,N) precipitation in niobium microalloyed austenite. Materials Science and Technology, 1987, 3: 197～205.

[10] 毛卫民, 赵新兵. 金属的再结晶与晶粒长大. 北京: 冶金工业出版社, 1994.

[11] Davies C H J. Growth of nuclei in a cellular automaton simulation of recrystallization. Scripta Materialia, 1997, 36（1）: 35～40.

[12] 雍歧龙. 钢铁材料中的第二相. 北京: 冶金工业出版社, 2006.

[13] Zhi Y, Liu X H, Yu H L. Cellular automaton simulation of hot deformation of TRIP steel. Computational Materials Science, 2014, 81: 104～112.

[14] Roters F, Eisenlohr P, Hantcherli L, et al. Overview of constitutive laws, kinematics, homogenization and multiscale methods in crystal plasticity finite-element modeling: Theory, experiments, applications. Acta Materialia, 2010, 58（1）: 1152～1211.

[15] 田野. CR340 冷轧差厚板的退火工艺及组织演变[硕士学位论文]. 沈阳: 东北大学, 2012.

第7章　金属动态再结晶过程的元胞自动机模拟

金属成形过程中存在着复杂的组织变化，包括变形中的奥氏体动态再结晶、动态回复以及在变形间隔中发生的静态再结晶、静态回复、亚动态再结晶和晶粒长大等过程。奥氏体的再结晶行为是影响流变应力的重要因素，同时对随后的热处理过程奥氏体等相变行为产生重要影响。过去人们曾经对动态再结晶的发生条件、结果、产物等进行过大量实验观察和理论研究，但是传统理论始终未能给出动态再结晶过程的直观映像。本章在介绍动态再结晶基本原理的基础上，阐述用元胞自动机模拟热变形奥氏体动态再结晶的方法，并结合实际给出热轧过程动态再结晶模拟结果的实例。

7.1　金属动态再结晶的基本原理

金属成形过程中主要发生的物理冶金现象有加工硬化、动态回复和动态再结晶。随着变形应变量的增加，位错密度不断增加，流变应力显著增长，产生加工硬化。同时，变形过程中的螺位错交滑移和刃位错攀移造成了位错对消，并发生多边形化过程，即动态回复过程。如果变形时只发生动态回复，那么应力-应变曲线在经过弹塑性变形阶段和加工硬化速率开始降低的阶段之后，将达到加工硬化速率为零的平稳态阶段，此时在亚组织变化上出现了位错密度基本恒定的现象，也就是位错的增殖和消失之间达到了动态平衡。当达到临界应变时发生动态再结晶，再结晶通常在变形较大的晶界处形核。当发生动态再结晶后，流变应力在达到峰值之后开始下降，最后趋于平稳态[1]。

对动态再结晶的解释有唯象理论、改进理论和动态再结晶的位错机制[2]。

1. 唯象理论

唯象理论是在金属镍扭转试验的基础上提出来的。设热变形量达临界值 ε_{c} 后发生动态再结晶，且已发生动态再结晶的晶粒变形 ε_{c} 后，可再次发生动态再结晶，同时设动态再结晶过程符合静态再结晶的规律。再结晶的体积分数 x 可由式(7.1)确定：

$$x = 1 - \exp\left(-\frac{t}{t_r}\right)^S \tag{7.1}$$

当应变速率不变时，可按式(7.2)计算时间 t：

$$t = \frac{\varepsilon - \varepsilon_c}{\dot{\varepsilon}} \tag{7.2}$$

式中，$\varepsilon - \varepsilon_c$ 为发生动态再结晶后产生的应变。由式(7.1)可知，当 $t = t_r$ 时，有 $x = 0.632$。所以可以认为再结晶时间 t_r 是基体大部分发生再结晶所需要的时间。在热变形过程中，t_r 时间间隔内所发生的应变为 ε_r，所以有

$$t_r = \frac{\varepsilon_r}{\dot{\varepsilon}} \tag{7.3}$$

$$\frac{t}{t_r} = \frac{\varepsilon - \varepsilon_c}{\varepsilon_r} \tag{7.4}$$

设变形组织的流变应力为 τ_d，再结晶组织的流变应力为 τ_r，则热变形过程中整体流变应力 τ 为

$$\tau = x\tau_r + (1-x)\tau_d \tag{7.5}$$

将式(7.1)和式(7.4)代入式(7.5)可求得

$$\tau = \tau_r + (\tau_d - \tau_r)\exp\left[-\left(\frac{\varepsilon - \varepsilon_c}{\varepsilon_r}\right)^S\right] \tag{7.6}$$

根据实验结果调整 ε_c、ε_r 和 S 值，可使由式(7.6)计算出来的应力-应变曲线与实际测量的曲线十分接近。

如果 $\varepsilon_r \ll \varepsilon_c$，当变形速率很慢、变形温度很高或合金含量很低时，动态再结晶可以在到达下一个临界应变 ε_c 之前充分完成，这样就形成了周期性的再结晶。这时动态再结晶的发生使流变应力下降。动态再结晶完成之后由于再结晶晶粒进一步变形而造成加工硬化，使流变应力重新上升，由此产生了周期性抖动的流变应力曲线，如图 7.1(a)所示[1]。

如果 $\varepsilon_r \gg \varepsilon_c$，当变形速率很快、变形温度较低或合金元素含量很高时，前后不同的动态再结晶过程会叠加在一起。前一周期的动态再结晶尚未完成，后面一个周期的动态再结晶已经开始。这样在流变应力曲线上只会出现一个峰值，如图 7.1(b)所示[1]，这与实际观察到的结果完全相符，如图 7.2 所示[1]。与周期性

动态再结晶不同，人们有时称这种再结晶为连续再结晶。应该注意的是，这里的连续再结晶与静态的连续再结晶不同，它不是一个强的回复过程。

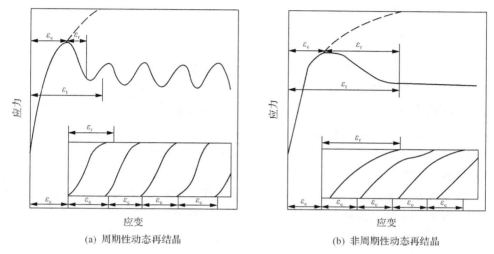

(a) 周期性动态再结晶　　　　　　　　　　　　(b) 非周期性动态再结晶

图 7.1　唯象理论推算的动态再结晶应力-应变曲线

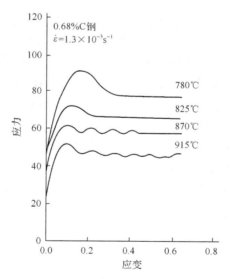

图 7.2　碳钢不同温度变形时的应力-应变曲线

　　这个理论虽然在一定程度上解释了动态再结晶过程，但它仍有很大的局限性。当 $\varepsilon_r \ll \varepsilon_c$ 时，唯象理论把加工硬化和再结晶看成两个相互独立的事件，因此流变应力曲线可以无限等幅抖动下去。而实际观察结果却是抖动不断衰减，通常衰减 2~8 个周期后就看不到抖动现象了，如图 7.2 所示。其次，这里流变应力曲线抖

动周期只与 ε_c 有关，而实际上应与 ε_r 也有关。另外，根据唯象理论计算出来的流变应力曲线上的峰位、峰值及平稳值等都与许多实测值不尽相符，因此不断有人设法改进唯象理论。

2. 改进理论

针对唯象理论的不足，人们提出一些改进设想[2]，例如，某周期动态再结晶所需要的临界应变明显比前一周期动态再结晶所需的临界应变小。金属基体内某些特殊区域内的再结晶应变 ε_r^* 明显低于宏观的再结晶应变 ε_r。某周期的再结晶晶粒之内进行了下一周期的再结晶，则这部分晶粒将以两种不同的方式进行再下一周期的再结晶。也就是说，金属基体内各处并不是同步发生动态再结晶的，不同部位在同一时刻可能处于不同的再结晶阶段[2]。

唯象理论及其改进理论从表象上定性地描述了动态再结晶过程，但这一理论没能涉及动态再结晶的物理本质，因此没有给出判断动态再结晶过程的关键因素和物理模型。下面介绍的位错机制可以使我们对此有更为清晰的认识。

3. 动态再结晶的位错机制

Stuwe 和 Ortner[3] 提出了以位错密度为基础的理论模型，模型中假设热变形金属的位错密度达到一定临界值 ρ_c 后就会发生动态再结晶。这时再结晶晶粒以速率 v 生长并消耗掉变形组织中的位错密度 ρ。由于变形过程不断进行，再结晶晶粒内的位错密度以 $\dot{\rho}$ 的速率增长。在再结晶晶粒生长到再结晶结束时的终了尺寸 d_r 之前，再结晶晶粒内的位错密度是否达到了 ρ_c 并引起下一周期的动态再结晶决定了流变应力曲线的形状。

如果再结晶晶粒尺寸达到 d_r 之前晶粒内的位错密度也达到 ρ_c，则不同的再结晶过程相互叠加，呈连续动态再结晶状态，流变应力曲线具有一个最大峰值。反之，再结晶晶粒尺寸生长到 d_r，然后晶内位错密度才达到 ρ_c。这样各再结晶过程互相独立，呈周期性动态再结晶，流变应力曲线表现出周期性抖动。再结晶晶粒长到 d_r 的时间可用再结晶时间 t_r 表示，且有

$$t_r = \frac{d_r}{2v} \tag{7.7}$$

因此，当 $\dot{\rho}t_r \leqslant \rho_c$ 时为周期性再结晶。参照式 (7.7) 有

$$\frac{\dot{\rho}d_r}{2} \leqslant \rho_c v \tag{7.8}$$

式中，$\rho_c v$ 是晶界迁移造成的位错消耗率；$\dot{\rho} d_r / 2$ 是再结晶晶粒内的位错生成率。根据式 (7.8)，当再结晶晶粒内的位错生成率小于变形基体内的位错消耗率时可获得周期性的动态再结晶，反之则得到连续性动态再结晶。一般来说，位错密度增长速率正比于应变速率，因此有

$$\dot{\varepsilon} = \beta \dot{\rho} \tag{7.9}$$

通常临界流变应力 τ_c 与临界位错密度 ρ_c 的关系为

$$\tau_c = \alpha \mu \boldsymbol{b} \sqrt{\rho_c} \tag{7.10}$$

因此，结合式 $P = \rho_c E \approx \dfrac{1}{2} \rho_c \mu \boldsymbol{b}^2$，可如下计算再结晶晶粒生长速率 v：

$$v = mP = m\frac{1}{2}\rho_c \mu \boldsymbol{b}^2 = \frac{m\tau_c^2}{2\alpha^2 \mu} \tag{7.11}$$

式中，m 为迁移率；P 为驱动力。将式 (7.8)～式 (7.10) 代入式 (7.11) 并整理后，对周期性动态再结晶有

$$\frac{m\tau_c^4}{\dot{\varepsilon}} \geqslant K_{\rho k} \tag{7.12}$$

式中，常数 $K_{\rho k}$ 为

$$K_{\rho k} = \frac{d_r b^2 \mu^3 \alpha^4}{\beta} \tag{7.13}$$

而对连续性动态再结晶则有

$$\frac{m\tau_c^4}{\dot{\varepsilon}} < K_{\rho k} \tag{7.14}$$

由此可见，当应变速率 $\dot{\varepsilon}$ 升高或晶界迁移率 m 降低，如由温度降低或合金元素含量升高造成时，易于导致连续性动态再结晶，反之则易于导致周期性动态再结晶。

需要说明的是，至今为止尚没有一个完整的动态再结晶理论能够同时描述动态再结晶的所有规律。人们仍在进一步研究动态再结晶理论，希望能够预测临界位错密度，并能断定不同材料发生动态再结晶的条件和过程。

本章主要采用位错机制建立金属成形过程动态再结晶模型。

7.2　描述金属动态再结晶过程的数学模型

在热变形过程中，位错密度随着应变的增加而增加，变形后的储存能成为形核驱动力，变形残留的储存能释放出来使金属原子重新排列，形成新晶粒，实现动态再结晶。动态再结晶的形核与位错密度的积累有关，假设只有在位错密度达到临界值时，再结晶晶粒在晶界处才开始形核，新晶粒消耗了变形组织中的位错密度并使之回到变形前的数值，随后新晶粒以一定的速率继续长大，新晶粒的位错密度随应变量的增加而不断增长，当晶粒长大驱动力减小到零或者再结晶晶粒与其他新生晶粒相碰时，晶粒停止生长。

1. 位错密度模型

在金属热变形过程中，加工硬化和动态回复过程同时进行。随着应变量增大，加工硬化使得位错密度不断升高，而动态回复则使位错密度有所降低。Bergström 等[4,5]建立了位错密度与加工硬化和动态回复变化的关系模型[6,7]：

$$d\rho / d\varepsilon = U - \Omega\rho \tag{7.15}$$

式中，U 和 Ω 分别为描述加工硬化和动态回复的特征系数；ε 为真应变；ρ 为位错密度。初始条件如式(7.16)所示：

$$\begin{cases} \varepsilon = 0 \\ \rho = \rho_0 \end{cases} \tag{7.16}$$

式中，ρ_0 为初始位错密度。由式(7.15)和式(7.16)可得

$$\rho = e^{-\Omega\varepsilon}(U / \Omega e^{\Omega\varepsilon} + \rho_0 - U / \Omega) \tag{7.17}$$

加工硬化特征系数 U 和动态回复特征系数 Ω 取决于化学成分、变形温度、应变速率和奥氏体晶粒尺寸等因素，和应变大小无关，可分别表示为[5]

$$U = K_U d_0^{m_U} \dot{\varepsilon}^{n_U} \exp(Q_U / (RT)) \tag{7.18}$$

$$\Omega = K_\Omega d_0^{m_\Omega} \dot{\varepsilon}^{n_\Omega} \exp(Q_\Omega / (RT)) \tag{7.19}$$

式中，K_U、m_U、n_U、Q_U、K_Ω、m_Ω、n_Ω 和 Q_Ω 是材料常数。

2. 流变应力模型

流变应力与位错密度的关系可以描述为[8]

$$\sigma = \alpha \mu \boldsymbol{b} \sqrt{\bar{\rho}} \tag{7.20}$$

式中，α 为位错密度交互作用系数，通常取为 0.5；$\boldsymbol{b}$ 为伯格斯矢量，取值为 2.5×10^{-10}m；$\bar{\rho}$ 为平均位错密度；μ 为剪切模量，其与温度的关系为[9]

$$\mu = 8.1 \times 10^{10} [0.91 - (T - 300) / 1810] \tag{7.21}$$

3. 临界应变模型

发生动态再结晶需要一定的条件，只有当应变达到临界应变 ε_c、位错密度增加到临界值 ρ_c 时，变形过程中才会发生动态再结晶。临界应变 ε_c 可表示为[7]

$$\varepsilon_c = 0.83 \varepsilon_p \tag{7.22}$$

$$\varepsilon_p = A d_0^q Z^m \tag{7.23}$$

$$Z = \dot{\varepsilon} \exp(Q_D / (RT)) \tag{7.24}$$

式中，ε_p 为峰值应变；Z 为 Zener-Hollomen 参数；R 为气体常数；T 为热力学温度；d_0 为奥氏体晶粒直径；A、q 和 m 为与钢种成分有关的参数。Serajzadeh 等[7]通过回归实验结果给出了低碳钢峰值应变计算式中各参数值为 $A=6.5 \times 10^{-4}$，$q=0.43$，$m=0.132$。Q_D 为动态再结晶激活能，Medina 等[10]根据实验结果回归得出 Q_D 与钢中合金元素质量的关系式为

$$
\begin{aligned}
Q_D = {} & 267000 - 2535.52w(\mathrm{C}) + 1010w(\mathrm{Mn}) + 33620.76w(\mathrm{Si}) + 35651.28w(\mathrm{Mo}) \\
& + 93680.52w(\mathrm{Ti})^{0.5919} + 31673.46w(\mathrm{V}) + 70729.85w(\mathrm{Nb})^{0.5649}
\end{aligned}
\tag{7.25}
$$

当应变达到临界应变值 ε_c 时，位错密度达到临界值 ρ_c，可表示为

$$\rho_c = \mathrm{e}^{-\Omega \varepsilon_c} (U / \Omega \mathrm{e}^{\Omega \varepsilon_c} + \rho_0 - U / \Omega) \tag{7.26}$$

4. 形核率模型

动态再结晶的形核条件与位错密度有关。随着应变的增加，位错密度也增加，一旦位错密度增加到动态再结晶的临界位错密度 ρ_c 时，动态再结晶就开始在晶界

处以一定的形核率形核。形核率是描述单位时间、单位面积的形核数目，形核率 I 的大小既与应变速率有关，又与温度有关，可表示为[11,12]

$$I = C\dot{\varepsilon} / (\boldsymbol{bl}) \exp\left(-\frac{Q_D}{RT}\right) \tag{7.27}$$

式中，C 为常数；$\dot{\varepsilon}$ 为应变速率；l 为位错运动的距离即亚晶尺寸。

5. 晶粒长大速率模型

晶粒长大的本质是晶界在晶体组织中的迁移，导致晶界运动的是界面能通过晶界曲率所提供的驱动力。表征晶界运动能力的物理量是晶界的迁移率，定义为晶界在单位驱动力作用下的迁移速率。晶粒长大速率 v 与迁移率 m 及作用在单位面积晶界上的驱动力 P 之间存在如下关系[13]：

$$v = mP \tag{7.28}$$

其晶界迁移率 m 与晶界扩散系数 D_0、晶界移动激活能 Q_b 等有关，可表示为

$$m = b^2 / (k_B T) D_0 \exp(-Q_b / (RT)) \tag{7.29}$$

其晶界移动的驱动力 P 可表示为

$$P = 0.5\rho\mu\boldsymbol{b}^2 \tag{7.30}$$

式中，k_B 为 Boltzmann 常量。

7.3　元胞自动机模型用于模拟金属动态再结晶的方法

利用元胞自动机来模拟动态再结晶过程，首先需要生成原始组织，确定形核数、初始晶粒尺寸、原始晶粒取向及母相晶界的表示方法等。在此基础上建立元胞空间、选择邻居类型和边界条件、确定元胞状态变量及形核长大规则、模拟动态再结晶组织演化、得出动态再结晶分数等。

7.3.1　生成母相的背景组织及其数学模型

为了模拟热变形奥氏体的动态再结晶过程，要先建立母相组织的背景模型，得到奥氏体的初始晶粒分布。具体做法是：根据奥氏体的初始晶粒直径计算出元胞空间内需要抛撒的形核数目，采用均匀形核的方式在元胞空间内抛撒一定数目的晶核，以随机方式将其置入元胞自动机的格子中。

抛撒的形核数目由奥氏体的初始晶粒直径决定，如式(7.31)和式(7.32)所示。

母相晶粒可以近似认为是圆形的，由于元胞空间面积守恒，得

$$N\pi(d_0 / 2)^2 = Ya^2 \qquad (7.31)$$

式中，N 为母相形核数目；Y 为元胞总数；d_0 为奥氏体初始晶粒直径；a 为元胞尺寸，即元胞边长。由式(7.31)可得

$$N = 4Ya^2 / (\pi d_0^2) \qquad (7.32)$$

奥氏体初始晶粒尺寸取决于加热炉中加热温度、升温速率、保温时间以及钢的合金成分等因素。江坂一彬等[14]经过实验研究，计算了带钢从加热炉出来到变形前奥氏体晶粒大小随时间的变化，总结出了计算奥氏体初始晶粒尺寸的模型，如式(7.33)所示：

$$\begin{cases} d_0(t = 0) = A_0\phi^{-0.115} \\ d_0^2(t) = d_0^2(t = 0) + 3.68\times10^8 (C_{\mathrm{eq}})^{-1.43} \exp\left(-\dfrac{24800}{T}\right)t^{0.24} \end{cases} \qquad (7.33)$$

式中，ϕ 为升温速率，K/min；C_{eq} 为碳当量；T 为加热温度；t 为保温时间；A_0 为与温度相关的系数，通过文献[14]中的数据，其回归公式为

$$A_0 = 35.25 + 2.156\times10^{-6} \exp\left(-\frac{T}{78.39}\right) \qquad (7.34)$$

7.3.2 晶粒取向与母相晶界

向研究区域内抛撒晶粒不仅能给出形核点的位置，还可以带上晶粒的取向信息。若晶粒采用随机取向，取 1~180 代表晶粒的不同取向，取向相同的元胞代表同一个晶粒，不同的颜色代表不同取向的晶粒。晶粒按照等轴晶的方式生长，当两个取向不同的晶粒相互碰撞时，在碰撞方向上停止生长。当所有的元胞均转变为晶粒时，母相组织形貌形成结束，如图 7.3(a)所示，其采用 Alternant Moore 型邻居，元胞空间为 0.5mm×0.5mm，初始晶粒直径 d_0 为 50μm。为了便于清晰观察在母相上的动态再结晶过程，可以把彩色的母相形貌处理成灰白的，并用黑色显示出晶界，那么动态再结晶晶粒用彩色加以区分，如图 7.3(b)所示。图 7.4 为生成晶粒直径分别为 40μm、80μm、120μm 的初始奥氏体形貌。

用上述方法获得了初始奥氏体组织之后，可以在此基础上进一步对成形过程中的动态再结晶过程进行模拟。

(a) 彩色，不显示晶界　　　　　　(b) 灰白，显示晶界

图 7.3　元胞自动机模拟的初始组织形貌(彩图见文后)

(a) $d_0=40\mu m$　　　　(b) $d_0=80\mu m$　　　　(c) $d_0=120\mu m$

图 7.4　不同直径晶粒的初始奥氏体形貌模拟结果

7.3.3　元胞自动机模拟金属动态再结晶的步骤

1. 选择元胞空间

对于二维元胞自动机模型，元胞单元可采用四方形网格，模型将模拟区域划分为 500×500 的二维元胞空间，每个元胞的边长 a 为 1μm，整个模拟的区域代表 0.5mm×0.5mm 的实际试样尺寸。

2. 选择邻居类型和边界条件

介观组织演变元胞自动机模拟中常用的几种邻居类型为 von Neumann 型邻居、Moore 型邻居、Margolus 型邻居、Moore 扩展型邻居、Alternant Moore 型邻居，如图 2.5 所示。不同的邻居类型只改变模拟组织的形貌。在 6.3 节中已经阐述，采用 von Neumann 型邻居时得到的晶粒在互相接触之前呈菱形，采用 Moore 型邻居关系得到的晶粒在接触之前呈正方形，最终组织中的晶界多为水平线、垂直线或与水平方向成 45°角的斜线；而采用 Alternant Moore 型邻居关系得到的晶粒在接触前呈八边形，最终组织更加接近等轴晶。本章的算例中对再结晶过程模拟采用 Alternant Moore 型邻居，并采用周期性边界条件。周期性边界条件是指相对边界之间相互连接起来的元胞空间，在一维空间表现为一个首尾相连的圈，在二维空间表现为上下相连、左右相接，形成一个拓扑圆环面。

3. 确定元胞的状态变量

模型赋予每个元胞 5 个状态变量：

(1) 位错密度变量。元胞初始位错密度 ρ_0 取为 $1.0 \times 10^{12} \mathrm{m}^{-2}$，应变使位错密度增加，而回复和再结晶使位错密度降低。

(2) 晶粒取向变量。对新生成的再结晶元胞随机取 $1 \sim 180$ 作为取向值，指出其所属的晶粒，取向值相同的相邻元胞属于同一个晶粒，不同的晶粒对应不同的颜色。

(3) 晶粒编号变量。用来存放该元胞所属的晶粒，以统计生成的晶粒总数，计算平均晶粒尺寸。

(4) 再结晶标志变量。0 表示未再结晶状态，1 表示再结晶状态。

(5) 晶界变量。用于标志晶界元胞位置。

4. 确定转变规则(形核与长大规则)

元胞自动机模拟再结晶的形核规则主要有位置过饱型形核规则、一定速率型形核规则和概率型形核规则。

(1) 位置过饱型形核规则。即在形核一开始就以确定的形核数随机分布抛撒到元胞网格空间，在晶核长大的过程中不再形核，直到再结晶完了而停止。

(2) 一定速率型形核规则。即以一定的形核数随机抛撒形核后，在每一时间步长都继续以这样的规则向未形核区抛撒新的晶核，直至再结晶完毕，其中在每一时间步长向未再结晶区所抛撒的晶核数是可以变化的。

(3) 概率型形核规则。每个元胞生成一个形核的随机数 $R_N (0 < R_N < 1)$，如果形核随机数 R_N 小于或等于再结晶的形核概率 P_N(即 $R_N \leqslant P_N$)，则该未再结晶元胞形核。形核概率 P_N 由式(7.35)确定[13]：

$$P_N = I \mathrm{d}t / Y \tag{7.35}$$

式中，I 为再结晶形核率；Y 为元胞总数；$\mathrm{d}t$ 为时间步长。

这里采用一定速率型形核规则，形核只发生在位错密度达到临界值且处在奥氏体晶界处的元胞上。在元胞空间中，$\mathrm{d}t$ 时间步长中形核的晶粒数量为

$$N = IYa^2 \mathrm{d}t \tag{7.36}$$

则 $\mathrm{d}t$ 时间步长中形核的元胞数量 B 由式(7.37)决定:

$$B = N(\pi d_{\mathrm{s}}^2 / 4) / a^2 \tag{7.37}$$

其中,形核率 I 由式(7.27)计算可得; d_{s} 为再结晶临界核心直径[15]; a 为元胞尺寸,即元胞边长。

一旦元胞开始形核,就会以速率 v 向其近邻长大,使其近邻的元胞从未结晶状态转化为已结晶状态。

采用确定性长大演化规则,晶粒长大速率 v 由式(7.28)计算可得,$\mathrm{d}t$ 时间步长中形核的元胞向近邻未结晶元胞的生长距离 l 为

$$l = \int_0^t v \mathrm{d}t \tag{7.38}$$

若 $l \geqslant a$,则认为该近邻由未再结晶元胞转变为再结晶元胞。

5. 计算再结晶分数

根据上述物理冶金学模型和元胞自动机模型,采用 MATLAB 程序语言编程,实现对动态再结晶的预测,能够得到不同时刻动态再结晶的晶粒形貌等组织的动态演化特征。动态再结晶的转变分数可以表示如下:

$$X_{\mathrm{drx}} = Y_{\mathrm{dr}} / Y \tag{7.39}$$

式中, Y_{dr} 为已经发生动态再结晶的元胞数目。

对每个新生成的再结晶元胞进行标志(晶粒取向值),指出其所属的晶粒,取向值相同的属于同一个晶粒。在程序中平均晶粒尺寸是根据同一个晶粒所包含的多个元胞的面积来统计和计算的。

每个时刻每个元胞的位错密度能够通过预测得到,再根据式(7.20)得到流变应力随应变的变化。

7.4　金属动态再结晶的元胞自动机模拟程序

7.4.1　模拟程序框图

根据上述模型和方法,对热变形中奥氏体动态再结晶过程进行预测,图 7.5 为分析程序流程图。

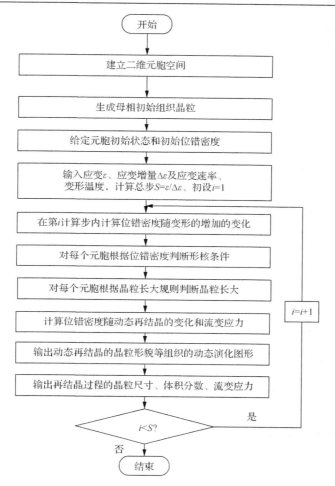

图 7.5　动态再结晶的元胞自动机模拟程序流程图

7.4.2　生成母相背景组织的程序

按照上述母相背景组织的数学模型，编制的 MATLAB 程序如下，程序中给出了母相晶粒形核、晶粒长大规则等信息。

（1）母相晶粒形核。

```
inuc=1;
while inuc<=NNUC
x=floor(rand*XMAX)+1;
y=floor(rand*YMAX)+1;
if state(x,y)==0&gn(x,y)==0,
```

```
        state(x,y)=1;
        gn(x,y)=inuc;
·       ori(x,y)=rand*MORI;
        cstate(x,y)=1;
        inuc=inuc+1;
end
end
```

(2)边界条件处理。

```
x=floor(rand*XMAX)+1;
y=floor(rand*YMAX)+1;
im=x-1;
if im<1
        im=XMAX;
end
ip=x+1;
if ip>XMAX
        ip=1;
end
jm=y-1;
if jm<1
        jm=YMAX;
end
jp=y+1;
if jp>YMAX
        jp=1;
end
```

(3)晶粒长大规则。

```
        if rem(cas,2)==0
                if state(im,y)==1&gn(im,y)~=0,
                        gn(x,y)=gn(im,y);
                        ori(x,y)=ori(im,y);
                        irx=irx+1;
                        elseif state(x,jp)==1&gn(x,jp)~=0,
                        gn(x,y)=gn(x,jp);
                        ori(x,y)=ori(x,jp);
```

```
                    irx=irx+1;
          elseif state(ip,y)==1&gn(ip,y)~=0,
                    gn(x,y)=gn(ip,y);
                    ori(x,y)=ori(ip,y);
                    irx=irx+1;
          elseif state(x,jm)==1&gn(x,jm)~=0,
                    gn(x,y)=gn(x,jm);
                    ori(x,y)=ori(x,jm);
                    irx=irx+1;
          elseif state(ip,jp)==1&gn(ip,jp)~=0,
                    gn(x,y)=gn(ip,jp);
                    ori(x,y)=ori(ip,jp);
                    irx=irx+1;
          elseif state(im,jm)==1&gn(im,jm)~=0,
                    gn(x,y)=gn(im,jm);
                    ori(x,y)=ori(im,jm);
                    irx=irx+1;
          end
    else
          if state(im,y)==1&gn(im,y)~=0,
                    gn(x,y)=gn(im,y);
                    ori(x,y)=ori(im,y);
                    irx=irx+1;
          elseif state(x,jp)==1&gn(x,jp)~=0,
                    gn(x,y)=gn(x,jp);
                    ori(x,y)=ori(x,jp);
                    irx=irx+1;
          elseif state(ip,y)==1&gn(ip,y)~=0,
                    gn(x,y)=gn(ip,y);
                    ori(x,y)=ori(ip,y);
                    irx=irx+1;
          elseif state(x,jm)==1&gn(x,jm)~=0,
                    gn(x,y)=gn(x,jm);
                    ori(x,y)=ori(x,jm);
                    irx=irx+1;
```

```
        elseif state(ip,jm)==1&gn(ip,jm)~=0,
                gn(x,y)=gn(ip,jm);
                ori(x,y)=ori(ip,jm);
                irx=irx+1;
        elseif state(im,jp)==1&gn(im,jp)~=0,
                gn(x,y)=gn(im,jp);
                ori(x,y)=ori(im,jp);
                irx=irx+1;
        end
    end
```

....

7.4.3　生成金属动态再结晶组织的程序

按照上述动态再结晶元胞自动机模拟的数学模型，编制的 MATLAB 部分程序如下，程序中给出了晶粒形核、长大及位错密度变化等信息。

(1)开始变形后位错密度变化。

```
for x=1:XMAX
    for y=1:YMAX
        steng(x,y)=exp(-Hf*(de))*(Yh/Hf*exp(Hf*(de))+steng(x,y)
        -Yh/Hf);
    end
end
```

(2)在晶界处形核。

```
x=floor(rand*XMAX)+1;
y=floor(rand*YMAX)+1;
if state(x,y)==2&bn(x,y)==0&steng(x,y)>=pc&bcstate(x,y)==0;
    bstate(x,y)=1;
    bnuc=bnuc+1;
    bn(x,y)=bnuc;
    steng(x,y)=p0;
    ori(x,y)=rand*MORI;
    bcstate(x,y)=1;
    nuc=nuc+1;
    kkk=1;
end
```

(3)边界条件的处理及晶粒长大。

```
newbn=zeros(XMAX,YMAX);
newsteng=zeros(XMAX,YMAX);
newori=zeros(XMAX,YMAX);
for x=1:XMAX
for y=1:YMAX
    if bstate(x,y)==0&bn(x,y)==0&bcstate(x,y)==0
            im=x-1;
            if im<1
                im=XMAX;
            end
            ip=x+1;
            if ip>XMAX
                ip=1;
            end
            jm=y-1;
            if jm<1
                jm=YMAX;
            end
            jp=y+1;
            if jp>YMAX
                jp=1;
            end
        if rem(s,2)==0
            if bstate(im,y)==1&bn(im,y)~=0,
                v(im,y)=v(im,y)+b^2/(k*T)*Dr*exp(-Qb/(R*T))*(0.5*
                steng(x,y)*(u*1.0e6)*b*b);
                if v(im,y)*tt>=(a*1.0e-6)
                        newbn(x,y)=bn(im,y);
                        newsteng(x,y)=p0;
                        newori(x,y)=ori(im,y);
                        brx=brx+1;
                end
                elseif bstate(ip,y)==1&bn(ip,y)~=0,
```

```
            v(ip,y)=v(ip,y)+b^2/(k*T)*Dr*exp(-Qb/(R*T))*(0.5*
            steng(x,y)*(u*1.0e6)*b*b);
            if v(ip,y)*tt>=(a*1.0e-6)
                    newbn(x,y)=bn(ip,y);
                    newsteng(x,y)=p0;
                    newori(x,y)=ori(ip,y);
                    brx=brx+1;
            end
        elseif bstate(x,jp)==1&bn(x,jp)~=0,
            v(x,jp)=v(x,jp)+b^2/(k*T)*Dr*exp(-Qb/(R*T))*(0.5*
            steng(x,y)*(u*1.0e6)*b*b);
            if v(x,jp)*tt>=(a*1.0e-6)
                    newbn(x,y)=bn(x,jp);
                    newsteng(x,y)=p0;
                    newori(x,y)=ori(x,jp);
                    brx=brx+1;
            end
        elseif bstate(x,jm)==1&bn(x,jm)~=0,
            v(x,jm)=v(x,jm)+b^2/(k*T)*Dr*exp(-Qb/(R*T))*(0.5*
            steng(x,y)*(u*1.0e6)*b*b);
            if v(x,jm)*tt>=(a*1.0e-6)
                    newbn(x,y)=bn(x,jm);
                    newsteng(x,y)=p0;
                    newori(x,y)=ori(x,jm);
                    brx=brx+1;
            end
        elseif bstate(ip,jp)==1&bn(ip,jp)~=0,
            v(ip,jp)=v(ip,jp)+b^2/(k*T)*Dr*exp(-Qb/(R*T))*
            (0.5*steng(x,y)*(u*1.0e6)*b*b);
            if v(ip,jp)*tt>=(a*1.0e-6)
                    newbn(x,y)=bn(ip,jp);
                    newsteng(x,y)=p0;
                    newori(x,y)=ori(ip,jp);
                    brx=brx+1;
            end
```

```
elseif bstate(im,jm)==1&bn(im,jm)~=0,
        v(im,jm)=v(im,jm)+b^2/(k*T)*Dr*exp(-Qb/(R*T))*
        (0.5*steng(x,y)*(u*1.0e6)*b*b);
        if v(im,jm)*tt>=(a*1.0e-6)
                newbn(x,y)=bn(im,jm);
                newsteng(x,y)=p0;
                newori(x,y)=ori(im,jm);
                brx=brx+1;
        end
    end
else
    if bstate(im,y)==1&bn(im,y)~=0,
        v(im,y)=v(im,y)+b^2/(k*T)*Dr*exp(-Qb/(R*T))*(0.5*
        steng(x,y)*(u*1.0e6)*b*b);
        if v(im,y)*tt>=(a*1.0e-6)
                newbn(x,y)=bn(im,y);
                newsteng(x,y)=p0;
                newori(x,y)=ori(im,y);
                brx=brx+1;
        end
    elseif bstate(ip,y)==1&bn(ip,y)~=0,
        v(ip,y)=v(ip,y)+b^2/(k*T)*Dr*exp(-Qb/(R*T))*(0.5*
        steng(x,y)*(u*1.0e6)*b*b);
        if v(ip,y)*tt>=(a*1.0e-6)
                newbn(x,y)=bn(ip,y);
                newsteng(x,y)=p0;
                newori(x,y)=ori(ip,y);
                brx=brx+1;
        end
    elseif bstate(x,jp)==1&bn(x,jp)~=0,
        v(x,jp)=v(x,jp)+b^2/(k*T)*Dr*exp(-Qb/(R*T))*(0.5*
        steng(x,y)*(u*1.0e6)*b*b);
        if v(x,jp)*tt>=(a*1.0e-6)
                newbn(x,y)=bn(x,jp);
                newsteng(x,y)=p0;
```

```
                        newori(x,y)=ori(x,jp);
                        brx=brx+1;
                end
        elseif bstate(x,jm)==1&bn(x,jm)~=0,
                v(x,jm)=v(x,jm)+b^2/(k*T)*Dr*exp(-Qb/(R*T))*(0.5*
                steng(x,y)*(u*1.0e6)*b*b);
                if v(x,jm)*tt>=(a*1.0e-6)
                        newbn(x,y)=bn(x,jm);
                        newsteng(x,y)=p0;
                        newori(x,y)=ori(x,jm);
                        brx=brx+1;
                end
        elseif bstate(ip,jm)==1&bn(ip,jm)~=0,
                v(ip,jm)=v(ip,jm)+b^2/(k*T)*Dr*exp(-Qb/(R*T))*
                (0.5*steng(x,y)*(u*1.0e6)*b*b);
                if v(ip,jm)*tt>=(a*1.0e-6)
                        newbn(x,y)=bn(ip,jm);
                        newsteng(x,y)=p0;
                        newori(x,y)=ori(ip,jm);
                        brx=brx+1;
                end
        elseif bstate(im,jp)==1&bn(im,jp)~=0,
                v(im,jp)=v(im,jp)+b^2/(k*T)*Dr*exp(-Qb/(R*T))*(0.5*
                steng(x,y)*(u*1.0e6)*b*b);
                if v(im,jp)*tt>=(a*1.0e-6)
                        newbn(x,y)=bn(im,jp);
                        newsteng(x,y)=p0;
                        newori(x,y)=ori(im,jp);
                        brx=brx+1;
                end
            end
        end
    end
    end
end
end
```

7.5　热模拟实验过程中金属动态再结晶的元胞自动机模拟

7.5.1　模拟条件

采用上述方法，对 Nb、V 复合添加的微合金钢热变形中奥氏体动态再结晶过程进行预测，所预测的钢种的化学成分如表 7.1 所示。其中模型参数通过查阅文献获得，或通过可逆方法确定，均热温度为 1200℃，初始晶粒直径约为 110μm。表 7.2 为分析过程中采用的单道次压缩变形工艺参数。

表 7.1　实验用微合金钢的化学成分

化学成分	C	Si	Mn	S	P	Al	Nb	V
质量分数/%	0.17	0.33	1.43	0.005	0.015	0.0239	0.031	0.081

表 7.2　单道次压缩变形工艺参数

应变速率/s^{-1}	应变	变形温度/℃
0.1		850、900、950、1000、1050
1	0.8	850、900、950、1000、1050
5		850、900、950、1000、1050

7.5.2　模拟结果与分析

1. 动态再结晶介观组织演变过程模拟

图 7.6(a)～(d)再现了实验钢在变形温度为 1050℃、应变速率为 0.1s^{-1} 变形时，在应变分别为 0.2、0.4、0.6 和 0.8 时的动态再结晶的组织形貌演变过程的可视化预测结果。图 7.6 中灰色的晶粒代表奥氏体的初始晶粒，彩色晶粒表示新生成的动态再结晶晶粒。从图中可以看出，动态再结晶首先在晶界处形核，随后继续长大，随着应变的增大，再结晶分数不断增加。

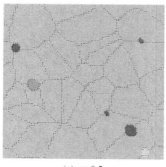 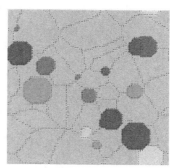

(a) $\varepsilon=0.2$　　　　　　　　　　　　(b) $\varepsilon=0.4$

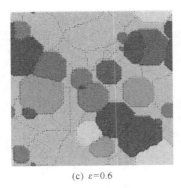

(c) $\varepsilon=0.6$　　　　　　　　　　　　(d) $\varepsilon=0.8$

图 7.6　微合金钢动态再结晶组织演变过程（1050℃，$0.1s^{-1}$，彩图见文后）

图 7.6 仅是从元胞自动机模拟得到的动态再结晶组织演变过程中选取的几幅典型图像，实际上元胞自动机模拟结果是以 Δt 为时间间隔的一个密集图像集合，考虑人们的视觉效应选择适当的 Δt，按时间序列把这些图像在计算机屏幕（或其他显示装置）上播放出来，即可使人们直观地看到动态、连续变化的晶粒生成与长大过程，实现动态再结晶过程的可视化描述。这一目标在本书研究过程中已经实现，为深入、细致地研究动态再结晶整个演变过程提供了一条新途径。

2. 动态再结晶动力学曲线模拟结果

图 7.7(a) 和 (b) 分别为实验钢在应变速率为 $0.1s^{-1}$ 变形时的动态再结晶的动力学 S 曲线和 Avrami 曲线的预测结果。图 7.7(b) 中 t_r 为动态再结晶的孕育期，从图中可以看出动态再结晶并不是在变形一开始就一定能发生的，而是经历一段时间后，随着应变的增大，位错密度增大到临界值时，动态再结晶才开始形核。从图 7.7(a) 中可以看出，应变速率相同的条件下，变形温度对动态再结晶的转变

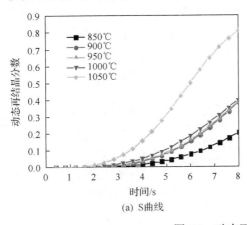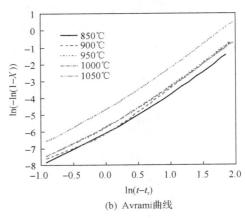

(a) S曲线　　　　　　　　　　　　(b) Avrami曲线

图 7.7　动态再结晶动力学曲线

速率有较大影响。变形温度越高,动态再结晶孕育期越短,动态再结晶的转变速率越大,越容易发生动态再结晶。从图 7.7(b)中可以看出,在不同温度下 Avrami 曲线均呈直线,并且直线的斜率基本相等,斜率近似等于 2,与 JMAK 理论[16]认为的二维生长时间指数 n 为 2 的结果相一致。

3. 动态再结晶位错密度演变模拟结果

图 7.8 为实验钢在变形温度 1050℃、应变速率 0.1s^{-1} 时不同应变下位错密度的分布情况。图 7.8 表明,在每个动态再结晶晶粒中,由晶粒内部到晶界,位错密度呈减小趋势。其原因可与图 7.6(a)～(d)对应来分析,对于动态再结晶开始形核的晶粒,位错密度明显下降,而后随着应变的增加,新生成晶粒的位错密度也会增加。由于新晶粒不断长大,在长大过程中后转变为再结晶的元胞的位错密度明显减小。

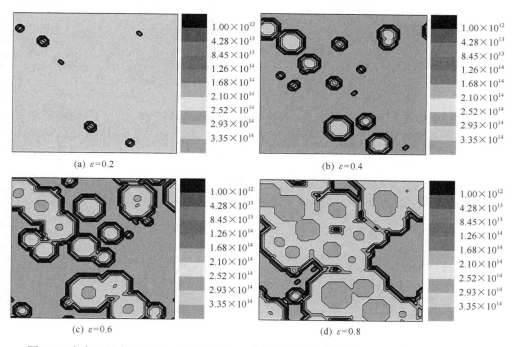

图 7.8 在变形温度 1050℃、应变速率 0.1s^{-1} 时位错密度分布(单位为 m^{-2},彩图见文后)

4. 动态再结晶流变应力模拟结果

图 7.9 为实验钢在应变速率 0.1s^{-1}、不同变形温度下的流变应力曲线预测结果,可以看出温度越低流变应力越大,塑性变形越困难。由图 7.9 可见,预测的流变

应力体现了流变应力-应变曲线的基本特征。在变形初期，随着应变的增加，流变应力逐渐增加，当应变增加到一定值时，流变应力先是有所减少，而后趋于稳定状态。

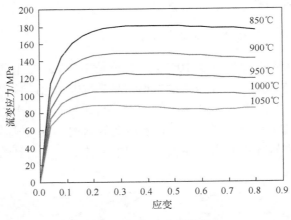

图 7.9　应力-应变预测值

5. 晶粒尺寸的元胞自动机模拟结果

图 7.10 为实验钢在应变为 0.8、应变速率分别为 $1s^{-1}$ 和 $5s^{-1}$、不同变形温度下动态再结晶晶粒平均尺寸的预测结果。从图中可以看出应变速率和变形温度对动态再结晶晶粒平均尺寸的影响，在应变速率相同时，变形温度越高，动态再结晶晶粒平均尺寸越大；在变形温度相同时，应变速率越小，动态再结晶晶粒平均尺寸越大。其原因是变形温度越高、应变速率越小，动态再结晶越容易发生。

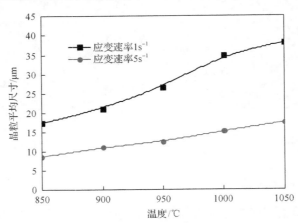

图 7.10　动态再结晶晶粒的平均尺寸

7.5.3　实验研究及结果比较

1. 实验方法

对表 7.1 所示的微合金钢在 MMS-200 热力模拟试验机上进行单道次压缩试验。试样加工成 $\phi 8mm \times 12mm$ 的圆柱形，以确保压缩过程中最大限度地均匀变形。将试样以 20℃/s 的速率加热到 1200℃，保温 5min 后以 10℃/s 的速率冷却到某一温度进行变形，变形温度为 850～1050℃，真应变为 0.8，应变速率分别为 $5s^{-1}$、$1s^{-1}$ 和 $0.1s^{-1}$，记录变形时的应力-应变曲线。变形后立即淬火，以保留高温变形后的组织状态。为了观察奥氏体初始组织，在加热到 1200℃时立即淬火，以保留高温奥氏体的组织状态。

2. 实验结果及其与预测值的比较

图 7.11 为实验钢在变形温度为 950℃以不同应变速率变形时应力-应变曲线的模拟与实验结果。可以看出，流变应力的模拟结果与实验实测数据吻合得较好，说明采用元胞自动机模拟方法可以用来预测力能参数。

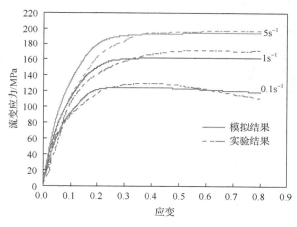

图 7.11　实验钢 950℃变形时流变应力预测值与实测值的比较

图 7.12 给出了实验钢在加热到 1200℃变形前初始奥氏体组织形貌的实验和模拟结果，初始奥氏体平均晶粒直径实验值为 104.7μm，模拟结果为 110.6μm。模拟过程采用的初始组织与实验得到的金相组织相似度很高，表明模拟过程设定的初始条件是正确的。

图 7.13 给出了变形温度 1050℃下以 $0.1s^{-1}$ 应变速率压缩至应变为 0.8 时，实验钢变形后淬火组织形貌的实验和模拟结果，可见元胞自动机模拟结果与实验所得的金相组织吻合得较好。实验所得晶粒平均直径为 82.8μm，模拟结果为 89.2μm。

(a) 实验结果　　　　　　　　　　　　(b) 模拟结果

图 7.12　实验钢变形前的奥氏体初始组织形貌

(a) 实验结果　　　　　　　　　　　　(b) 模拟结果

图 7.13　实验钢应变速率 $0.1s^{-1}$、1050℃变形后的淬火组织形貌

　　建立用于微合金钢压缩变形过程奥氏体动态再结晶模拟的元胞自动机模型，可实现动态再结晶过程中晶粒形态、体积分数和尺寸的定量化表征及动态再结晶过程的可视化描述[17]。利用元胞自动机模拟获得的位错密度及流变应力结果，符合微合金钢变形实际。通过应力-应变曲线和组织形貌的实验对比，表明采用元胞自动机模型可正确模拟微合金钢的热变形。

参 考 文 献

[1] 王有铭, 李曼云, 韦光. 钢材的控制轧制和控制冷却. 北京: 冶金工业出版社, 2007.

[2] 毛卫民, 赵新兵. 金属的再结晶与晶粒长大. 北京: 冶金工业出版社, 1994.

[3] Stuwe H P, Ortner B. Recry stallization in hot working and creep. Metal Science, 1974, 8(1): 161～167.

[4] Bergström Y. A dislocation model for the stress-strain behaviour of polycrystalline α-Fe with special emphasis on the variation of the densities of mobile and immobile dislocations. Materials Science and Engineering, 1970, 5(4): 193～200.

[5] Cabrera J M, Omar A A, Prado J M, et al. Modeling the flow behavior of a medium carbon microalloyed steel under hot working conditions. Metallurgical and Materials Transactions A, 1997, 28(11): 2233~2244.

[6] Serajzadeh S, Taheri A K. An investigation on the effect of carbon and silicon on flow behavior of steel. Materials and Design, 2002, 23(3): 271~276.

[7] Serajzadeh S, Taheri A K. Prediction of flow stress at hot working condition. Mechanics Research Communications, 2003, 30(1): 87~93.

[8] Ding R, Guo Z X. Coupled quantitative simulation of microstructural evolution and plastic flow during dynamic recrystallization. Acta Materialia, 2001, 49(16): 3163~3175.

[9] Frost H J. Deformation-Mechanism Maps. Oxford: Pergamon Press, 1982.

[10] Medina S F, Hernandez C A. General expression of the Zener-Hollomon parameter as a function of the chemical composition of low alloy and microalloyed steels. Acta Materialia, 1996, 44(1): 137~148.

[11] Mandal S, Sivaprasad P V, Venugopal S, et al. Constitutive flow behaviour of austenitic stainless steels under hot deformation: Artificial neural network modelling to understand, evaluate and predict. Modelling & Simulation in Materials Science & Engineering, 2006, 14(6): 1053~1070.

[12] Qian M, Guo Z X. Cellular automata simulation of microstructural evolution during dynamic recrystallization HY-100 steel. Materials Science & Engineering A, 2004, 365(1): 180~185.

[13] Davies C H J. Growth of nuclei in a cellular automaton simulation of recrystallization. Scripta Materialia, 1997, 36(1): 35~40.

[14] 江坂一彬, 脇田淳一, 高橋学, 他. 材質予測·制御モデルの開発. 製鉄研究, 1986, 321(3): 92~104.

[15] 雍歧龙. 钢铁材料中的第二相. 北京: 冶金工业出版社, 2006.

[16] 金文忠, 王磊, 刘相华, 等. 元胞自动机方法模拟再结晶过程的建模. 机械工程材料, 2005, 29(10): 10.

[17] 支颖, 刘相华, 喻海良, 等. 微合金钢热变形组织与性能演变的 CA 模拟. 金属学报, 2011, 47(11): 1396~1402.

第8章 金属固态相变的元胞自动机模拟

固态金属在连续冷却过程中，通常会发生热变形奥氏体向铁素体、珠光体和贝氏体等的转变，同样固态金属在连续加热过程中，也会发生向奥氏体的相变。固态金属的组织状况和热处理条件会对相变行为产生影响，它决定了相变类型、相变体积分数和晶粒尺寸等参数；而相变体积分数和晶粒尺寸等状态决定了产品的最终力学性能。本章在介绍固态相变基本原理的基础上，阐述用元胞自动机模拟金属固态相变的方法，结合板带钢热处理过程，给出奥氏体热变形后连续冷却相变及加热过程奥氏体转变过程的模拟实例。

8.1 金属固态相变的基本原理及数学模型

金属固态相变过程与液态结晶过程相比，在某些规律上两者相近，例如，相变过程都需要相变驱动力，它都是新、旧相之间的自由能差，在相变过程中都需要克服相变阻力。两者之间又有一定的差别，尤其是由于固态相变是在较低的温度下进行的，相变过程的不彻底性就表现得十分明显，在相变过程中往往有过渡相产生。过渡相是一种亚稳定相，其成分和结构往往介于母相和新相之间。由于固态相变阻力大，转变温度比较低，原子扩散困难，新相与母相成分相差较大时，难以形成稳定相。相变在进行过程中，先形成一种协调性的中间转变产物(过渡相)，再进一步转变成为稳定相。当温度等条件适宜时，形成的过渡相具有较好的稳定性而保留下来[1]。

固态相变过程中新相的形核有两种方式：一种称为冻结形核(也称为切变形核方式)；另一种称为热激活形核。在固态相变过程中，新相的长大是一个相界面移动的过程，其长大速率与界面的结构和移动方式等有关[1]。

根据固态相变过程中形核和长大的特点，固态相变可以分为三种基本类型[1]。

(1)扩散型相变。在这类相变中，新相的形核和长大主要依靠原子进行长距离的扩散，也就是说，相变要依靠相界面的扩散移动来进行。相界面是非共格界面。

(2)非扩散型相变。在这类相变中，新相的成长是通过切变和转动而进行的。母相中的原子有规则地、集体地转移到新相中。相界面是共格界面。

(3)半扩散型相变。这类相变介于扩散型和非扩散型之间，在依靠切变形成新相的同时，还进行原子的短距离扩散。

在固态金属连续冷却中组织演变的研究中，首先要根据相变热力学原理计算相变驱动力，从而判断相变过程能否进行，而要得到相变驱动力，首先必须计算相变过程中碳在相界面的平衡浓度，从而计算单位体积形核自由能及相变平衡开始温度等。然后根据相变动力学原理，确定相变实际转变温度及相变转变分数等[2]。

过冷奥氏体在连续冷却中温度降低到铁素体实际转变温度 Ar_3 以下时，在奥氏体晶界生成先共析铁素体，因铁素体是贫碳相，随着它的长大，必有一部分碳排出使相邻的奥氏体中富碳，为渗碳体形核创造了条件[3]。

当温度继续降低到珠光体实际转变温度 Ar_1 以下时珠光体形成，在奥氏体晶界首先形成渗碳体晶核。渗碳体是高碳相，必须依靠周围的奥氏体不断供碳使它长大。随渗碳体核的横向长大，在它两侧的奥氏体形成贫碳区，为铁素体的形成创造了条件，在侧面的贫碳区就形成铁素体晶核。随着贫碳相铁素体的长大，必有一部分碳排出使相邻的奥氏体中富碳，又为渗碳体形核创造了条件，就在富碳区形成渗碳体核。如此反复形成层片状分布的组织，且铁素体与渗碳体同时向纵深长大形成珠光体组织，珠光体是铁素体和渗碳体的机械混合物[3]。

当温度降低到贝氏体实际转变温度时，会产生另一种新的组织，称为贝氏体，它也是由铁素体加碳化物组成的，其相变产物一般为非层状分布，这是因为珠光体转变受碳在奥氏体中的扩散控制，同时铁原子也要发生扩散。如果过冷度很大，转变的温度相当低，使铁原子无法发生扩散，同时碳的扩散也受到影响，显然不可能发生珠光体转变，就会使转变的规律发生变化，产生贝氏体组织[3]。

铁素体和珠光体相变均属于典型的扩散型相变。对于贝氏体相变的相变机制，目前还存在很多争议，恩金相变假说认为贝氏体相变属于切变型[1]，而柯俊相变假说认为贝氏体相变属于扩散型。为了简化计算，本章主要考虑碳的扩散对贝氏体相变的影响。

马氏体相变是金属从奥氏体快速冷却至马氏体转变温度 M_s 点以下温度所发生的非扩散型相变，在转变过程中只有晶格的改变而没有成分的变化，新相与母相之间的界面靠切变维持着共格关系。马氏体相变与其他固态相变类似，也遵循热力学规律。在一定的过冷度下，两相的自由能差为相变的驱动力。在发生马氏体转变时，由于转变前后两相的比容的差别，除了界面能之外，还有切变共格及体积改变引起的弹性应变能，因而需要增大过冷度，增加相变驱动力，以克服界面能和弹性应变能所引起的相变阻力。

最常见的马氏体形核是变温形核，即在 M_s 点以下，马氏体形核数目取决于温度。一定温度下，马氏体形核数目一定，温度降低，马氏体形核数目增加。马氏体形成的动力学有以下几种情况[1]：

（1）变温形核、恒温瞬时长大。在 M_s 点以下，一定温度下只形成一定量的马氏体，随着温度的继续降低，马氏体形成量不断增加。在这种情况下，马氏体的形成实质上只取决于形核，即马氏体的核心一旦形成，在一定温度下瞬时即可长大到最后尺寸，继续保温，不会产生更多的马氏体。马氏体的长大速率非常快，界面运动速度大约是声速的1/3，与形成温度无关。

（2）变温形核、变温长大。在一定温度下，形成马氏体核心，其瞬时长大到一定的尺寸，但并不是最后尺寸。温度降低时，除继续形核外，已形成的马氏体还继续伸长、加厚，即马氏体可变温长大。这是因为马氏体在长大时，并未破坏界面的共格性，但是共格应变能、界面能和作为相变驱动力的体积自由能达到了热力学平衡，因而生长停止。但当温度下降，过冷度增大时，作为相变驱动力的体积自由能增加，因而允许更大的共格应变能，马氏体可继续生长。相反，当温度升高时，由于相变驱动力减小，马氏体会缩短、变薄。这种马氏体称为热弹性马氏体。

（3）马氏体的等温形成。在 Fe-Ni-Mn 合金、碳钢、高速钢中都发现马氏体的等温形成现象，等温形成大多数情况是在恒温时靠马氏体形核，而不是靠已生成的马氏体片的长大进行的。等温形核效应是基于自催化形核的，一片马氏体的形成，会产生引起更多马氏体形核的条件，在周围奥氏体基体中产生更多的马氏体核心。等温形成时，核心数目是温度和时间的函数，具有热激活的性质，转变曲线具有 C 曲线的特征。

本章采用变温形核、变温长大方式。

奥氏体逆相变的原理是对淬火后形成完全或部分马氏体组织在铁素体和奥氏体双相区温度区间进行退火，使马氏体逆相变为奥氏体并使溶质元素扩散至奥氏体中形成富集，最终获得室温下稳定的残余奥氏体组织，从而达到升高强度、提高塑性的目的[4]。

下面分别对以上几种典型的金属相变的数学模型进行介绍。

8.1.1　奥氏体连续冷却相变数学模型

1. 奥氏体向铁素体、珠光体和贝氏体转变的数学模型

1）相变孕育期模型

相变孕育期即当温度保持恒定，且不高于热力学平衡温度时，开始发生某种相变所需要的时间 τ。对于等温相变，当等温时间 $t = \tau$ 时开始相变；而对于连续冷却转变，则有一个孕育期积累的过程，可以采用逐温孕育成核理论处理。即在连续冷却过程中，当冷却到某一温度时，由于这些短暂孕育期的累计效果才完成孕育而达到成核[5]，故奥氏体开始转变。将连续冷却相变处理成微小等温相变之和，即满足式（8.1）时，达到连续冷却相变开始温度，其中 τ_i 为不同温度下的相变孕育期，Δt_i 为时间步长。

$$\sum \Delta t_i / \tau_i = 1 \tag{8.1}$$

相变孕育期是 Scheil 可加性法则中的一个重要参数，它直接决定着相变的实际转变温度。

2）相变实际转变温度计算模型

Kirkaldy 等已经证实孕育期和过冷度及温度的关系可由以下方程来描述[6-8]：

$$\tau(T) = A_i \exp\left(\frac{Q_i}{RT}\right) \Big/ (\Delta T)^{m_i} \tag{8.2}$$

式中，A_i、Q_i、m_i 为常量，可通过实验数据拟合得到；ΔT 为过冷度。当满足式（8.1）时，所对应的温度就是奥氏体向铁素体、珠光体和贝氏体相变实际转变的温度。根据文献[9]回归的实验数据得到了 C-Mn 钢和含 Nb 钢的有关参数，如表 8.1 所示。

表 8.1　孕育期方程中相关参数的确定

钢种	F			P			B		
	A_i	Q_i	m_i	A_i	Q_i	m_i	A_i	Q_i	m_i
C-Mn 钢	2.93	130	3.6	8.13	126	4.2	1.50	10	1.0
Nb 钢	9.40	130	3.8	2.99	20	0.4	1.99	20	1.1

3）KRC 模型

在对 Fe-C 合金相变热力学的研究中，主要有以下几种模型：Kaufman、Radcliffe 和 Cohen 的 KRC[10]模型；Lacher、Fowler 和 Guggenheim 的 LFG[11,12]模型、McLellan 和 Dunn 的 MD[13]模型。本节主要采用 KRC 模型[14]来计算碳和铁的活度，进而确定相界面平衡浓度、相变的驱动力及形核驱动力等。

（1）碳的活度。碳在奥氏体中的活度 a_C^γ 为

$$\ln a_C^\gamma = \ln \frac{x_C^\gamma}{1 - Z_\gamma x_C^\gamma} + \frac{\Delta \overline{H}_C^\gamma - \Delta \overline{S}_\gamma^{xs} T}{RT} \tag{8.3}$$

碳在铁素体中的活度 a_C^α 为

$$\ln a_C^\alpha = \ln \frac{x_C^\alpha}{3 - Z_\alpha x_C^\alpha} + \frac{\Delta \overline{H}_C^\alpha - \Delta \overline{S}_\alpha^{xs} T}{RT} \tag{8.4}$$

式中，x_C^γ、x_C^α 为碳在奥氏体和铁素体中的摩尔分数；$\Delta \overline{H}_C^\gamma$ 和 $\Delta \overline{S}_\gamma^{xs}$ 分别为碳在奥氏体中的偏摩尔焓和偏摩尔非配置熵；$\Delta \overline{H}_C^\alpha$ 和 $\Delta \overline{S}_\alpha^{xs}$ 分别为碳在铁素体中的偏摩尔焓和偏摩尔非配置熵，其取值参考文献[15]和[16]，如表 8.1 所示。

$$Z_\gamma = 14 - 12\exp\left(-\frac{W_\gamma}{RT}\right) \tag{8.5}$$

$$Z_\alpha = 12 - 8\exp\left(-\frac{W_\alpha}{RT}\right) \tag{8.6}$$

式中，W_γ 为奥氏体中碳原子之间的交互作用能；W_α 为铁素体中碳原子之间的交互作用能。其取值参考文献[15]和[16]，如表 8.2 所示。

表 8.2 W、$\Delta\overline{H}$ 和 $\Delta\overline{S}^{\mathrm{xs}}$ 的计算结果

模型	相	W	$\Delta\overline{H}$	$\Delta\overline{S}^{\mathrm{xs}}/\times 10^{-3}$
KRC	γ	1250	38500	10.67
	α	−25410	109690	39.90

(2)铁的活度。铁在奥氏体中的活度为

$$\ln a_{\mathrm{Fe}}^\gamma = \frac{1}{Z_\gamma - 1}\ln\frac{1 - Z_\gamma x_{\mathrm{C}}^\gamma}{1 - x_{\mathrm{C}}^\gamma} \tag{8.7}$$

铁在铁素体中的活度为

$$\ln a_{\mathrm{Fe}}^\alpha = \frac{3}{Z_\alpha - 3}\ln\frac{3 - Z_\alpha x_{\mathrm{C}}^\alpha}{3(1 - x_{\mathrm{C}}^\alpha)} \tag{8.8}$$

4)相界面平衡浓度计算

Aaronson 等[17]利用相界面两侧组元化学势相等的关系，推导出先共析铁素体的 $\gamma/(\gamma+\alpha)$ 相界浓度为

$$x_{\mathrm{C}}^{\gamma/\alpha} = \frac{\mathrm{e}^\varphi - 1}{\mathrm{e}^\varphi - Z_\gamma} \tag{8.9}$$

式中，$x_{\mathrm{C}}^{\gamma/\alpha}$ 为碳在 γ/α 相界面处奥氏体侧的平衡摩尔浓度，其中

$$\varphi = \frac{\Delta G_{\mathrm{Fe}}^{\gamma\to\alpha}(Z_\gamma - 1)}{RT} \tag{8.10}$$

其中，$\Delta G_{\mathrm{Fe}}^{\gamma\to\alpha}$ 表示纯铁的 $\gamma\to\alpha$ 转变自由能变化，采用文献[18]中的公式计算 $\Delta G_{\mathrm{Fe}}^{\gamma\to\alpha}$：

$$\Delta G_{\mathrm{Fe}}^{\gamma\to\alpha} = 20853.06 - 466.35T - 0.046304T^2 + 71.147T\ln T \tag{8.11}$$

$\alpha/(\alpha+\gamma)$ 相界面浓度为

$$x_C^{\alpha/\gamma} = \frac{3}{1+Z_\alpha \tau} \tag{8.12}$$

式中，$x_C^{\alpha/\gamma}$ 为碳在 α/γ 相界面处铁素体侧的平衡摩尔浓度，其中

$$\tau = \frac{1-e^\varphi}{e^\varphi(Z_\gamma-1)} \exp\left(\frac{(\Delta\overline{H}_\gamma - \Delta\overline{H}_\alpha) - (\Delta\overline{S}_\gamma^{xs} - \Delta\overline{S}_\alpha^{xs})T}{RT}\right) \tag{8.13}$$

对于珠光体相变，在相界面处同时存在奥氏体相、铁素体相和渗碳体。渗碳体的碳浓度 x_C^{cem} 为 0.25。在奥氏体与渗碳体相邻的界面处奥氏体一侧的碳浓度 $x_C^{\gamma/cem}$ 较低，其平衡浓度 $x_C^{\gamma/cem}$ 可由如下公式用牛顿迭代法求得[16]：

$$\frac{3}{Z_\gamma-1}\ln\frac{1-Z_\gamma x_C^{\gamma/cem}}{1-x_C^{\gamma/cem}} + \ln\frac{x_C^{\gamma/cem}}{1-Z_\gamma x_C^{\gamma/cem}} = \frac{3\Delta G_{Fe}^{\gamma\to\alpha} + \Delta G^{cem} - \Delta\overline{H}_C^\gamma + \Delta\overline{S}_\gamma^{xs}T}{RT} \tag{8.14}$$

式中，ΔG^{cem} 为渗碳体的生成自由能变化，由文献[2]中得到的回归公式为

$$\Delta G^{cem} = 22429.73 + 6.662T - 0.0562T^2 + 2.811\times10^{-5}T^3 \tag{8.15}$$

式 (8.16) 为文献[2]对 $x_C^{\gamma/cem}$ 进行回归得到的结果：

$$\begin{aligned}
x_C^{\gamma/cem} = {} & 0.25047 - 1.6392\times10^{-4}\varepsilon + 4.5131\times10^{-4}T - 0.0211\sqrt{T} \\
& - 2.27851\times10^{-5}x_C^\gamma + 1.954\times10^{-4}w(Mn) - 2.787\times10^{-4}w(Si)
\end{aligned} \tag{8.16}$$

式中，ε 为热变形的真应变；T 为热力学温度。

在奥氏体与铁素体相邻的界面处奥氏体侧的碳浓度较高，其浓度为铁素体相变时奥氏体侧的平衡浓度 $x_C^{\gamma/\alpha}$，而铁素体侧为平衡浓度 $x_C^{\alpha/\gamma}$。

珠光体相变的产物为铁素体和渗碳体的两相机械混合物，为了简化计算，本书将渗碳体和铁素体看成一个相，即珠光体，那么在相界面单元中，采用加权平均的方法，奥氏体侧的碳浓度 $x_C^{\gamma/p}$ 为

$$x_C^{\gamma/p} = ax_C^{\gamma/\alpha} + bx_C^{\gamma/cem} \tag{8.17}$$

珠光体侧的碳浓度 $x_C^{p/\gamma}$ 为

$$x_C^{p/\gamma} = ax_C^{\alpha/\gamma} + bx_C^{cem} \tag{8.18}$$

式中，a 和 b 为加权系数。由文献[19]可知，在珠光体的片层组织中，其铁素体的片层间距是渗碳体的 7 倍，因此可得 $a=7/8$，$b=1/8$。

5) 相变驱动力的计算

从奥氏体中形成先共析铁素体的自由能变化 $\Delta G^{\gamma \to \alpha + \gamma'}$ 可表示为[14]

$$\Delta G^{\gamma \to \alpha + \gamma'} = RT[x_C^\gamma \ln(a_C^{\gamma/\alpha} / a_C^\gamma) + (1 - x_C^\gamma) \ln(a_{Fe}^{\gamma/\alpha} / a_{Fe}^\gamma)] \tag{8.19}$$

式中，x_C^γ 为碳在奥氏体中的初始摩尔分数；$a_C^{\gamma/\alpha}$ 和 $a_{Fe}^{\gamma/\alpha}$ 分别为碳和铁在奥氏体/铁素体界面奥氏体中的活度,利用活度式(8.3)和式(8.4)可得出先共析铁素体相变驱动力为

$$\Delta G^{\gamma \to \alpha + \gamma'} = RT \left[x_C^\gamma \ln \frac{(1 - e^\varphi)(1 - Z_\gamma x_C^\gamma)}{(Z_\gamma - 1) x_C^\gamma e^\varphi} + \frac{1 - x_C^\gamma}{Z_\gamma - 1} \ln \frac{(1 - x_C^\gamma) e^\varphi}{1 - Z_\gamma x_C^\gamma} \right] \tag{8.20}$$

对于珠光体相变，铁素体内碳含量较高，若近似地用 α-Fe 的自由能 G_{Fe}^α 代替平衡铁素体自由能，则奥氏体分解为平衡铁素体和渗碳体的相变驱动力可表示为[14]

$$\Delta G^{\gamma \to \alpha + cem} = (1 - x_C^\gamma) G_{Fe}^\alpha + x_C^\gamma (\Delta G^{cem} - \Delta \overline{H}_C^\gamma + \Delta \overline{S}_\gamma^{xs} T) - RT / (Z_\gamma - 1)$$
$$\cdot \left[(1 - Z_\gamma x_C^\gamma) \ln(1 - Z_\gamma x_C^\gamma) - (1 - x_C^\gamma) \ln(1 - x_C^\gamma) + x_C^\gamma (Z_\gamma - 1) \ln x_C^\gamma \right] \tag{8.21}$$

6) 形核驱动力的计算

以 x_C^m 表示具有最大(绝对值)自由能变化的先共析铁素体核心成分，可得 x_C^m 应满足的方程为

$$\Delta G_{Fe}^{\gamma \to \alpha} + RT \ln \frac{a_{Fe}^\alpha \big|_{x_C^m}}{a_{Fe}^\gamma \big|_{x_C^\gamma}} - RT \ln \frac{a_C^\alpha \big|_{x_C^m}}{a_C^\gamma \big|_{x_C^\gamma}} = 0 \tag{8.22}$$

x_C^m 可以从式(8.22)中解出，由此可求得最大形核驱动力为

$$\Delta G_{Nm}^{\gamma \to \alpha + \gamma} = RT \ln \frac{a_C^\alpha \big|_{x_C^m}}{a_C^\gamma \big|_{x_C^\gamma}} \tag{8.23}$$

式中，符号"$a \big|_x$"表示活度为 a 的固溶体中碳的摩尔分数为 x。将 KRC 模型的活度表达式代入式(8.22)和式(8.23)，得到

$$\frac{1}{Z_\alpha - 3} \{ Z_\alpha \ln(3 - Z_\alpha x_C^\alpha) - 3\ln[3(1 - x_C^m)] \} + \ln \frac{x_C^\gamma}{x_C^m} + \frac{1}{Z_\gamma - 1} [\ln(1 - x_C^\gamma) - Z_\gamma \ln(1 - Z_\gamma x_C^\gamma)]$$

$$= \frac{1}{RT} [\Delta \overline{H}_\alpha - \Delta \overline{H}_\gamma - (\Delta \overline{S}_\alpha^{xs} - \Delta \overline{S}_\gamma^{xs}) T - \Delta G_S^{\gamma \to \alpha}] \tag{8.24}$$

$$\Delta G_{Nm}^{\gamma\to\alpha+\gamma} = RT \ln\left[\frac{x_C^m(1-Z_\gamma x_C^\gamma)}{x_C^\gamma(3-Z_\alpha x_C^m)}\right] + \Delta\bar{H}_\alpha - \Delta\bar{H}_\gamma - (\Delta\bar{S}_\alpha^{xs} - \Delta\bar{S}_\gamma^{xs})T - \Delta\mu^d \quad (8.25)$$

从式 (8.24) 中解出 x_C^m，再将其代入式 (8.25) 即可求得 $\Delta G_{Nm}^{\gamma\to\alpha+\gamma}$。

由于 $0 \approx x_C^m(\text{或} x_C^{\alpha/\gamma}) \ll x_C^\gamma$，可近似地用纯 α-Fe 的自由能代替先共析铁素体核心的自由能，得到 KRC 模型 $\Delta G_N^{\gamma\to\alpha+\gamma}$ 的近似表达式：

$$\Delta G_N^{\gamma\to\alpha+\gamma} = \frac{RT}{Z_\gamma - 1} \ln\frac{1-x_C^\gamma}{1-Z_\gamma x_C^\gamma} + \Delta G_{Fe}^{\gamma\to\alpha} \quad (8.26)$$

珠光体的形核驱动力为[14]

$$\Delta G_N^{\gamma\to\alpha+cem} = 0.25(\Delta G^{cem} - RT\ln a_C^\gamma|_{x_C^\gamma}) + 0.75(\Delta G_{Fe}^{\gamma\to\alpha} - RT\ln a_{Fe}^\gamma|_{x_C^\gamma}) - \Delta\mu^d \quad (8.27)$$

7) 相变平衡开始温度计算模型

相变平衡开始温度是指在热力学上达到相变开始的温度，通过热力学计算可以得到理想状态下相变的平衡温度，然后根据实际的冷却速率、各温度下的相变孕育期，以及设定的微小时间步长，采用上述孕育期迭代算法，计算所对应的温度就是相变的实际转变温度。

奥氏体到先共析铁素体、珠光体和贝氏体的转变，无变形条件下的平衡开始温度分别为 A_{e3}、A_{e1} 和 B_s。其计算方法分别为：当 $\Delta G^{\gamma\to\alpha+\gamma} = 0$ 时所对应的温度为 A_{e3}；当 γ 相中的碳含量 x_C^γ 达到 $x_C^{\gamma/cem}$ 时，开始进入珠光体相变孕育期，在先共析反应之后以奥氏体中剩余碳含量计算的 $\Delta G^{\gamma\to\alpha+cem} = 0$ 时对应的温度为 A_{e1}；贝氏体相变平衡开始温度 B_s 的确定按照 Bhadeshia 的建议[20,21]确定，由式 (8.28) 和式 (8.29) 计算得出：

$$\Delta G_N^{\gamma\to\alpha+\gamma} < \Delta F_N (= 3.25(T-273) - 2180\text{J/mol}) \quad (8.28)$$

$$\Delta G^{\gamma\to\alpha'} < F_2(= -400\text{J/mol}) \quad (8.29)$$

式中，$\Delta G_N^{\gamma\to\alpha+\gamma}$ 为铁素体形核驱动力；$\Delta G^{\gamma\to\alpha'}$ 为由奥氏体转变为同成分铁素体时的自由能变化。

热变形使奥氏体相能量升高，由变形引起 γ 相的化学势增量 $\Delta\mu^d$ 可表示为[22]

$$\Delta\mu^d = \mu\rho\boldsymbol{b}^2 V_\gamma / 2 \quad (8.30)$$

式中，μ 和 $\boldsymbol{b}$ 分别为奥氏体的切变模量和伯格斯矢量；ρ 为位错密度；V_γ 为奥氏

体相的摩尔体积（$6.68 \times 10^{-6}\,\mathrm{m}^3/\mathrm{mol}$）[23]。变形对相平衡的影响，可通过计算不同真应变条件下对应的位错密度，从而得到变形储存能 $\Delta \mu^{\mathrm{d}}$。由于变形量提高，$|\Delta G^{\gamma \rightarrow \alpha+\gamma}|$、$|\Delta G^{\gamma \rightarrow \alpha+\mathrm{cem}}|$ 和 $|\Delta G^{\gamma \rightarrow \alpha'}|$ 值都有不同程度的增加，所以变形会导致相变平衡开始温度升高。

8）形核率计算模型

在连续冷却过程中，当满足铁素体相变的热力学条件时，会不断地有铁素体晶核产生。根据经典形核理论，某一温度下奥氏体晶粒表面单位面积的铁素体形核率可表示为[24]

$$I_{\mathrm{F}} = K_1 D_\gamma (k_{\mathrm{B}} T)^{-1/2} \exp\left(-\frac{K_2}{k_{\mathrm{B}} T (\Delta G_{\mathrm{N}}^{\gamma \rightarrow \alpha+\gamma})^2}\right) \tag{8.31}$$

珠光体形核率可表示为[16]

$$I_{\mathrm{p}} = K_3 D_\gamma (k_{\mathrm{B}} T)^{-1/2} \exp\left(-\frac{K_4}{k_{\mathrm{B}} T (\Delta G_{\mathrm{N}}^{\gamma \rightarrow \alpha+\mathrm{cem}})^2}\right) \tag{8.32}$$

贝氏体形核率可表示为[16]

$$I_{\mathrm{B}} = K_5 D_\gamma (k_{\mathrm{B}} T)^{-1/2} \exp\left(-\frac{K_6}{k_{\mathrm{B}} T (\Delta G_{\mathrm{N}}^{\gamma \rightarrow \alpha+\gamma})^2}\right) \tag{8.33}$$

式中，$K_1 \sim K_6$ 为常数；k_{B} 为 Boltzmann 常量；T 为热力学温度；D_γ 为碳在奥氏体相中的扩散系数；$\Delta G_{\mathrm{N}}^{\gamma \rightarrow \alpha+\gamma}$ 为铁素体形核驱动力；$\Delta G_{\mathrm{N}}^{\gamma \rightarrow \alpha+\mathrm{cem}}$ 为珠光体形核驱动力。

9）铁素体长大速率计算模型

铁素体长大速率即奥氏体-铁素体相界移动速率，可表示为[25,26]

$$v = m_{\mathrm{p}} P_{\mathrm{p}} \tag{8.34}$$

式中，P_{p} 为相界面移动驱动力，即相界移动消耗的自由能，表示为[27,28]

$$P_{\mathrm{p}} = \mu_{\mathrm{Fe}}^\gamma - \mu_{\mathrm{Fe}}^\alpha \tag{8.35}$$

式中，μ_{Fe}^γ 和 μ_{Fe}^α 分别为铁原子在奥氏体-铁素体界面处奥氏体侧和铁素体侧的化学势，由活度模型可导出：

$$P_{\mathrm{p}} = \Delta G_{\mathrm{Fe}}^{\gamma \rightarrow \alpha} + RT\left(\frac{1}{Z_\gamma - 1} \ln \frac{1 - Z_\gamma x_{\mathrm{C}}^\gamma}{1 - x_{\mathrm{C}}^\gamma} - \frac{3}{Z_\alpha - 3} \ln \frac{3 - Z_\alpha x_{\mathrm{C}}^\alpha}{3(1 - x_{\mathrm{C}}^\alpha)}\right) \tag{8.36}$$

若有热变形，则相界面移动驱动力增加，此时 P_p 可表示为[29]

$$P_p = \mu_{Fe}^{\gamma} - \mu_{Fe}^{\alpha} + E_{def} \tag{8.37}$$

式中，E_{def} 为变形储存能，可表示为

$$E_{def} = \Delta\mu^d = \mu\rho b^2 V_{\gamma} / 2 \tag{8.38}$$

式 (8.34) 中 m_p 为等效相界迁移率，其与温度的关系可表示为[30]

$$m_p = m_0 \exp\left(-\frac{Q}{RT}\right) \tag{8.39}$$

式中，m_0 为界面迁移率；Q 为界面扩散激活能。

2. 马氏体相变的数学模型

1) 马氏体相变开始温度的计算

马氏体相变开始温度 (M_s) 是基于马氏体相变热力学原理计算得到的。Fe-C 合金的马氏体相变的自由能 ($\Delta G^{\gamma \to M}$) 可用式 (8.40) 表示[31]

$$\Delta G^{\gamma \to M} = \Delta G^{\gamma \to \alpha} + \Delta G^{\alpha \to M} \tag{8.40}$$

式中，$\Delta G^{\gamma \to \alpha}$ 为稳定体心立方结构核胚得以扩展所需的能量；$\Delta G^{\alpha \to M}$ 为由体心立方结构核胚转变为马氏体所需提供的储存能、应变能和马氏体相变过程中所需的表面能之和。可以用式 (8.41) 或式 (8.42) 来表示[31]

$$\Delta G^{\gamma \to M} = \Delta G^{\gamma \to \alpha} + \Delta G^{\alpha \to M} \leqslant 0 \tag{8.41}$$

$$-\Delta G^{\gamma \to \alpha} \geqslant \Delta G^{\alpha \to M} \tag{8.42}$$

式中，$-\Delta G^{\gamma \to \alpha}$ 为马氏体相变时释放的能量或驱动力；$\Delta G^{\alpha \to M}$ 为马氏体转变所消耗的能量。只有当式 (8.42) 满足的条件下，马氏体才能形成。

马氏体相变时释放的能量或驱动力可以通过式 (8.43) 和式 (8.44) 来计算[31]：

$$\Delta G^{\gamma \to \alpha} = (1-x_C)\Delta G_{Fe}^{\gamma \to \alpha} + (1-x_C)RT\ln\left(\frac{a_{Fe}^{\alpha}}{a_{Fe}^{\gamma}}\right) + x_C RT\ln\left(\frac{a_C^{\alpha}}{a_C^{\gamma}}\right) \tag{8.43}$$

$$\Delta G^{\alpha \to M} = 5\sigma_{M_s} + 217 \tag{8.44}$$

式中，x_C 为钢中碳的摩尔分数；$\Delta G_{Fe}^{\gamma \to \alpha}$ 为纯铁由 $\gamma \to \alpha$ 时的自由能差值；R 为气体常数；T 为热力学温度；a_{Fe}^{α} 和 a_{Fe}^{γ} 分别表示铁在 α-Fe 和 γ-Fe 中的活度；a_C^{α} 和 a_C^{γ}

分别表示碳在 α -Fe 和 γ-Fe 中的活度；σ_{M_s} 为奥氏体在 M_s 时的屈服强度，σ_{M_s} 可表示为

$$\sigma_{M_s} = 13 + 280x_C + 0.02(800 - M_s) \tag{8.45}$$

由式(8.41)~式(8.45)可得

$$\Delta G^{\gamma \to M} = \Delta G^{\gamma \to \alpha} + 5[13 + 280x_C + 0.02(800 - M_s)] + 217 \tag{8.46}$$

当 $\Delta G^{\gamma \to M} = 0$ 时所求得的温度即马氏体转变开始温度（M_s）。

2) 马氏体相变动力学模型

马氏体相变的形核率 I_M 用式(8.47)表示[32]：

$$I_M = n_i \upsilon \exp(-\Delta G_a / (k_B T)) \tag{8.47}$$

式中，n_i 为假定的潜在核心的数目；υ 为晶格振动频率；ΔG_a 为形核的激活能；k_B 为 Boltzmann 常量。

8.1.2　奥氏体逆相变数学模型

奥氏体逆相变是指铁素体等组织转变成奥氏体的过程，从热力学角度看正相变的热力学计算模型可以直接用于逆相变，逆相变的吉布斯自由能是正相变的负数。考虑到马氏体或贝氏体在高温下会分解，在热力学上可直接作为过饱和的铁素体考虑。

1. 奥氏体形核计算

对于奥氏体的形核过程，形核率计算公式如下[33]：

$$I_A = K_1 D_C^{\gamma} (k_{S-B} T)^{-\frac{1}{2}} \exp\left(-\frac{K_2}{kT(\Delta G_N)^2}\right) \tag{8.48}$$

式中，I_A 是奥氏体形核率；K_1 是形核位置密度常数；K_2 是界面形核常数；D_C^{γ} 是奥氏体中碳扩散系数；k_{S-B} 是 Stefan-Boltzmann 常量；ΔG_N 是奥氏体形核驱动力；T 是温度。

2. 奥氏体晶粒长大计算

形核之后是晶粒长大过程，晶粒长大速率 v 计算公式如下：

$$v = m_c P_c \tag{8.49}$$

式中，m_c 是晶界迁移率；P_c 是晶界移动驱动力。

对于 m_c 有多种计算公式，其计算结果都在相同数量级：

$$m_c = m_0 \exp\left(-\frac{Q_{GM}}{RT}\right) \tag{8.50}$$

式中，m_0 是基础界面迁移率，大部分文献直接给出数值；R 是气体常数；Q_{GM} 是晶界迁移激活能[1]。

$$m_c = \frac{\delta D_0}{k_{S\text{-}B}T} \boldsymbol{b} \exp\left(-\frac{Q_{GM}}{RT}\right) \tag{8.51}$$

式中，δ 是晶界厚度；D_0 是晶界自扩散系数；$\boldsymbol{b}$ 是伯格斯矢量[34]。

$$m_0 = \frac{d^4 \nu_D}{k_{S\text{-}B}T} \tag{8.52}$$

式中，d 是原子间距；ν_D 是德拜频率[35]。

驱动力多种多样，研究者常用的有变形储存能、晶界能、化学能。考虑反向驱动力析出粒子的钉扎作用，应该有

$$F = F_{ch} + F_{gb} + F_{store} - F_{pin} \tag{8.53}$$

对于化学能：

$$F_{ch} = \chi_{(T)}(x_{interface} - x_{equilibrium}) \tag{8.54}$$

式中，F_{ch} 是化学能驱动力；$\chi_{(T)}$ 是比例系数；$x_{interface}$ 是界面处某相的界面元素浓度；$x_{equilibrium}$ 是某相的平衡浓度，或者直接采用热力计算的化学能。

对于晶界能[33,36]：

$$F_{gb} = \eta\kappa \tag{8.55}$$

式中，F_{gb} 是晶界能驱动力；η 是界面能；κ 是晶界曲率，有

$$\kappa = \frac{A}{C_{cell}} \frac{K_{ink} - N_i}{N+1} \tag{8.56}$$

式中，A 是拓扑系数；C_{cell} 是元胞网格大小；K_{ink} 是相邻两层元胞数的一半；N_i 是相邻两层元胞同晶粒数；N 是相邻两层元胞数量。

变形储存能的计算公式如下，可根据位错密度或者流变应力自由选择[33,34]：

$$F_{store} = \alpha\mu\boldsymbol{b}^2\rho \tag{8.57}$$

$$F_{\text{store}} = \frac{\sigma^2}{\alpha\mu} \tag{8.58}$$

式中，F_{store} 是变形储存能；μ 是剪切模量；σ 是变形后的流变应力；α 是常数，通常为 0.5。对于钉扎作用[37]：

$$F_{\text{pin}} = C_1\eta\frac{f^{C_2}}{r} \tag{8.59}$$

式中，F_{pin} 是钉扎的反作用力；C_1 和 C_2 是常数；f 是析出粒子体积分数；r 是析出粒子半径。

相变过程还要考虑碳的扩散，碳扩散基本公式[33]为

$$\frac{\partial x_C^\varphi}{\partial t} = \nabla\left(D_C^\varphi\nabla x_C^\varphi\right) \tag{8.60}$$

式中，x_C^φ 为某相碳浓度；D_C^φ 为某相中碳扩散系数。

3. 铁素体静态再结晶计算

逆相变过程主要为奥氏体重新形核，但是很多逆相变过程为冷变形之后的退火过程，所以很可能还包含冷变形铁素体回复再结晶过程。当铁素体静态再结晶发生之前，回复过程一直存在，流变应力和变形储存能[33, 38]随回复时间的变化如式(8.61)和式(8.62)所示：

$$\sigma = \sigma_0 - \frac{k_B T}{C}\ln\left(1 + \frac{t}{t_0}\right) \tag{8.61}$$

$$E_D(t) = \left[E_D(t_0)^{1/2} - C\mu^{-1/2}k_B T\ln\left(1 + \frac{t}{t_0}\right)\right]^2 \tag{8.62}$$

式中，σ_0 为初始应力；C 为常数；t_0 为初始时间；t 为时间；E_D 是变形储存能；σ 为流变应力。

考虑到铁素体的再结晶过程，铁素体的再结晶形核过程以变形储存能为基础，铁素体再结晶形核率计算公式如下[33]：

$$I_{\text{RX}} = C_0\left(E_D - E_D^C\right)\exp\left(-Q_{\text{RX}}^N / (RT)\right) \tag{8.63}$$

式中，I_{RX} 是再结晶形核率；C_0 是一个拟合系数；E_D^C 是再结晶临界储存能(再结晶存在临界变形率)；Q_{RX}^N 是再结晶激活能。

再结晶的长大公式和上述奥氏体并无区别，只是系数会有所差别。再结晶过程中一般不会涉及碳的扩散，可不考虑化学能。

铁素体再结晶过程和奥氏体相变过程可能存在重合，可以把铁素体再结晶当成一种特殊的相变来处理。

8.2　元胞自动机模型用于模拟金属固态相变的方法

8.2.1　描述金属固态相变的元胞自动机模型

固态金属冷却和加热中发生相变过程的元胞自动机模拟，其元胞自动机建模方法大体相同，因此本节分别以铁素体相变和奥氏体逆相变为例，阐述相变过程元胞自动机模型的建立方法。

1. 铁素体相变过程的元胞自动机建模

1) 元胞空间的选择

元胞单元采用四方形网格，模型将模拟区域划分为 100×100 的二维元胞空间，每个元胞边长 a 为 2μm，整个模拟的区域代表 0.2mm×0.2mm 的实际试样尺寸。

2) 邻居类型和边界条件的选择

对铁素体相变过程模拟采用 Alternant Moore 型邻居，边界条件采用周期性边界条件。

3) 元胞的状态变量

模型赋予每个元胞 9 个状态变量：

(1) 晶粒取向变量。对新生成的铁素体元胞随机取 1~180 作为取向值，指出其所属的晶粒，取向值相同的相邻元胞属于同一个晶粒，不同的晶粒对应着不同的颜色。

(2) 晶粒编号变量。用来存放该元胞所属的晶粒，以统计生成的晶粒总数，计算平均晶粒尺寸。

(3) 相状态标志变量。0 表示奥氏体相状态，2 表示铁素体相状态，1 表示奥氏体-铁素体相界面单元，即该元胞单元同时存在奥氏体和铁素体两相。

(4) 奥氏体相碳浓度变量。如果该元胞处于相界面状态，则表示相界面处奥氏体一侧的碳浓度；如果该元胞处于奥氏体相状态，则该变量为非零值；如果该元胞处于铁素体相状态，则该变量为零。

(5) 铁素体相碳浓度变量。如果该元胞处于相界面状态，则表示相界面处铁素体一侧的碳浓度；如果该元胞处于奥氏体相状态，则该变量为零；如果该元胞处于铁素体相状态，则该变量为非零值。

(6)平均碳浓度变量。如果该元胞处于相界面状态，则表示整个单元的平均碳浓度；如果该元胞处于非相界面状态，则平均碳浓度取决于相状态。

(7)铁素体相体积分数变量。0表示该元胞单元中还未发生铁素体相变；1表示该元胞单元中已经完成了铁素体相变；0~1的值则表示该元胞单元中正在发生铁素体相变，且该变量的值就是该单元新产生的铁素体相的体积分数。

(8)晶界变量。用于标志晶界元胞位置。

(9)位错密度变量。如果研究热变形的变形储存能对相变的影响，则要考虑到变形后的位错密度值。

4) 铁素体形核转变规则

元胞自动机模拟铁素体的形核采用概率型形核规则。在钢材的连续冷却过程中，当温度降到奥氏体-铁素体相变的平衡温度 A_{e3} 以下的某一温度，即相变开始的实际温度时，新相铁素体会在奥氏体晶界上形核。假设每个元胞生成铁素体的形核概率为 P_N，对每个元胞生成一个形核随机数 $R_N(0 < R_N < 1)$，如果形核随机数 R_N 小于或等于铁素体的形核概率 P_N（即 $R_N \leqslant P_N$），则该元胞转变为铁素体形核。对于在奥氏体晶界的每个元胞的形核概率 P_N 由式 (8.64) 确定[39]：

$$P_N = I_F S_r dt \tag{8.64}$$

式中，I_F 为铁素体形核率，由式 (8.31) 给出；S_r 为元胞单元面积；dt 为时间步长。

如果铁素体在某一奥氏体晶界单元形核，则该元胞的状态变量要发生如下变化：

(1)晶粒取向。该元胞被赋予一个随机整数来代表新生成的铁素体核心的晶粒取向。

(2)相状态标志。由0变为1，表示该单元中已有铁素体形核，已成为 $\gamma \rightarrow \alpha$ 相界面单元，其他相状态变量值不变。

(3)铁素体相碳浓度。为铁素体在该温度下的平衡碳浓度，该单元的奥氏体相碳浓度和平均碳浓度不变。

(4)铁素体相体积分数。仍然为0，虽然已有铁素体形核，但其核心尺寸远远小于元胞单元尺寸，因此该单元的铁素体相体积分数可以忽略。

5) 铁素体长大转变规则

一旦元胞开始形核，此相界元胞就会以速率 v 向其近邻元胞长大，使其近邻元胞从奥氏体状态转化为铁素体状态。dt 时间步长中铁素体形核的元胞向近邻元胞的生长距离 l 为

$$l = \int_0^t v dt \tag{8.65}$$

式中，铁素体长大速率 v 由式(8.34)确定，该单元中铁素体向近邻元胞长大的体积分数 f 为

$$f = l/a \qquad (8.66)$$

式中，a 为元胞尺寸，即元胞边长。

如果 $f \geqslant 1$，则认为该单元中奥氏体相完全转变为铁素体相，其相状态变量由 1 变为 2；把其相邻的任一铁素体元胞单元中的晶粒取向作为新的晶粒取向；奥氏体相碳浓度为 0，铁素体相碳浓度和平均碳浓度为铁素体相在该温度下的平衡碳浓度值。同时与此转变元胞相邻的所有奥氏体相单元变为奥氏体-铁素体相界面单元，即相状态值由 0 变为 1。

如果 $f < 1$，则认为该单元仍为奥氏体-铁素体相界面单元。

6) 碳在奥氏体和铁素体相中扩散浓度

在相界面单元中铁素体相向周围元胞单元长大的过程中，随着相界面的不断推移，从铁素体相区域析出的过饱和碳原子扩散流会重新分配到奥氏体相区域，使该单元的奥氏体相区域的碳浓度升高，其碳的扩散流量为

$$J_{\alpha \to \gamma} = \left(x_C^{\gamma/\alpha} - x_C^{\alpha/\gamma} \right) v \qquad (8.67)$$

同时相界面单元中奥氏体区域的碳原子也会向周围奥氏体相内部扩散，其碳的扩散流量为[40]

$$J_{\mathrm{d}} = -D_{\gamma} \frac{\partial x_C^{\gamma}}{\partial n} \bigg|_{\gamma/\alpha} \qquad (8.68)$$

界面单元中的奥氏体区域的碳原子浓度变化由净扩散流量决定：

$$J = J_{\alpha \to \gamma} - J_{\mathrm{d}} \qquad (8.69)$$

奥氏体相内部碳原子扩散可由二维溶质扩散偏微分方程表示：

$$\frac{\partial x_C^{\gamma}}{\partial t} = \frac{\partial}{\partial y}\left(D_{\gamma} \frac{\partial x_C^{\gamma}}{\partial y} \right) + \frac{\partial}{\partial z}\left(D_{\gamma} \frac{\partial x_C^{\gamma}}{\partial z} \right) \qquad (8.70)$$

铁素体相内部碳原子扩散也可由二维溶质扩散偏微分方程表示：

$$\frac{\partial x_C^{\alpha}}{\partial t} = \frac{\partial}{\partial y}\left(D_{\alpha} \frac{\partial x_C^{\alpha}}{\partial y} \right) + \frac{\partial}{\partial z}\left(D_{\alpha} \frac{\partial x_C^{\alpha}}{\partial z} \right) \qquad (8.71)$$

式中，D_{γ} 和 D_{α} 分别为碳在奥氏体相和铁素体相的扩散系数，可表示为

$$D_\gamma = D_{\gamma 0} \exp\left(-\frac{Q_\gamma}{RT}\right) \tag{8.72}$$

$$D_\alpha = D_{\alpha 0} \exp\left(-\frac{Q_\alpha}{RT}\right) \tag{8.73}$$

偏微分方程(8.70)和(8.71)的解可由有限差分等数值解法求出[41]。

7) 铁素体转变分数计算

铁素体的转变分数可以表示为

$$x_\alpha = Y_\alpha / Y \tag{8.74}$$

式中，Y_α 为已经发生铁素体转变的元胞数目；Y 为元胞总数。

2. 奥氏体逆相变过程的元胞自动机建模

1) 元胞空间的选择

元胞空间常规的有四方形、六边形两种，六边形模拟晶粒形状更好，但是计算难度更大，采用四方形网格，模拟方便，易于实现。模拟区域划分为 100×100 的二维元胞空间，元胞边长 0.2μm，整个模拟区域为 20μm×20μm 的实际试样尺寸。

2) 邻居类型和边界条件选择

采用 Alternant Moore 型邻居，周期性边界。

3) 元胞状态变量

模型赋予元胞 6 个状态变量：

(1) 流变应力变量(储存能变量)。再结晶和相变将归零此变量，回复过程使流变应力降低。

(2) 晶粒取向变量。对新生成的再结晶和相变元胞随机取 0～180 作为取向值，指出其所属的晶粒，取向值相同的相邻元胞属于同一个晶粒。

(3) 晶粒编号变量。用来存放该元胞所属的晶粒，以统计生成的晶粒总数，计算平均晶粒尺寸。

(4) 再结晶标志变量。0 表示未再结晶状态，1 表示再结晶状态。

(5) 相标志变量。0 表示铁素体，2 表示马氏体(过饱和铁素体)，3 表示奥氏体。

(6) 碳浓度变量。存放元胞的碳浓度。

4) 转变规则(形核和长大规则)

采用概率型形核规则，奥氏体相变主要发生在马氏体边界，铁素体边界和内部也会有少量奥氏体形核[33]，形核率需要乘以一个修正系数。在元胞空间中，时

间步长 dt 中形核的元胞的概率为

$$P_n = P_A C_{cell}^2 dt \tag{8.75}$$

式中，P_n 是计算相单个元胞的形核概率。

　　每一个元胞计算出一个随机数，如果随机数小于形核率就形核，否则不形核，一旦元胞开始形核，就会以速率 v 向其近邻长大，使其近邻的元胞发生状态改变。本书采用确定性长大演化规则，形核的元胞向近邻未结晶元胞的生长距离 l 的计算公式如下：

$$l = \int_0^t v dt \tag{8.76}$$

当生长距离大于元胞边长时即认为转变完成。

8.2.2　生成母相的背景组织及其数学模型

　　为了模拟金属固态相变过程，要先建立母相组织的背景模型，得到奥氏体的初始晶粒的分布。具体做法是：根据奥氏体的初始晶粒直径计算出元胞空间内需要抛撒的形核数目，采用均匀形核的方式在元胞空间内抛撒一定数目的晶核，以随机方式将其置入元胞自动机的格子中。抛撒的形核数目由奥氏体的初始晶粒直径决定，具体计算方法可参考 7.3.1 节。下面以奥氏体逆相变过程母相背景组织生成过程加以阐述。

　　奥氏体逆相变母相的背景组织的生成主要是做到与热处理前或变形前的组织相似。对于多相材料，如果有变形，最好是模拟变形前的组织，然后用有限元法计算出变形后流变应力分布，对于单相材料，则直接用宏观的计算公式求出流变应力。

　　首先需要统计材料金相中各相的体积分数和晶粒大小，如果晶粒是非等轴的，还需要统计长短轴之比和是否有晶粒分布的特殊性。

　　根据统计的晶粒大小和体积分数计算需要的每一相形核种子的数量 N_i 如下：

$$N_i = \frac{f_i Y C_{cell}^2}{\pi (d_i / 2)^2} \tag{8.77}$$

式中，f_i 是相变体积分数；Y 是元胞总数；d_i 是某相的平均晶粒直径。

　　按照晶粒分布规律抛撒种子，如沿晶界分布的第二相，可分多次抛撒种子，先抛撒第一相的种子，当第一相生长完毕后，在第一相的晶界上抛撒第二相的种子。抛撒种子比较常见的做法是将整个模拟区域按照晶粒分布规律划分为 N_i 个子区域，在每个子区域中形核点随机分布。这样划分既可以均匀分布也可以非均匀分布。这样划分出来的晶粒较为方正。还可以按照晶粒分布给出一个形核概率分布，按上面概率形核的方法在整个模拟区域随机形核。当形核总数达到 N_i 时停止形核。

形核晶粒的长大可以忽略生长速率，也可计算生长速率。当忽略生长速率时，可以通过设定不同生长方向的生长概率来控制晶粒形状，或者根据生长速率的不同来形成非等轴晶粒。

晶粒采用随机取向，随机取 0～180，代表不同的晶粒取向，取向相同的元胞代表同一个晶粒。采用 Alternant Moore 型邻居，当两个取向不同的晶粒相互碰撞时，在碰撞方向上将停止生长。当所有的元胞均转变为晶粒时，母相组织的形貌形成结束。

对于变形的多相组织模拟，需要先用有限元等方法进行变形计算，计算出变形后的性能和组织形状，对于多相组织，如果采用简单的网格压缩，所得到的组织和实际变形会有一定的差距。目前描述组织变形最好使用晶体塑性有限元法，但是从文献中可以看出，模拟的组织到一定的范围之后会处于统计学上的稳定，可以不需要晶体塑性有限元法。

8.2.3　金属固态相变的元胞自动机模拟程序

本节仅以奥氏体逆相变过程为例，给出部分元胞自动机模拟相变的 MATLAB 程序以供参考。

形核部分程序采用的是概率型形核，这部分程序描述了铁素体在铁素体边界上再结晶形核、铁素体在晶粒内部形核、奥氏体在铁素体边界形核、奥氏体在马氏体边界形核等过程。

（1）概率型形核。

```
if phase(i,j)==0&xh(i,j)==0,%在铁素体相中判断是否能够形核
xh1=c2*(fes(i,j)^2-fels^2)/0.5/G*dl^2*exp(-QN/R/T)*dt;%计算形核率
k4=rand(1);
GN=0.25*(Gcem-Ha+Sa*T)+0.75*Gfe-R*T/(4*(Za-1))*((Za-1)*log(w(i,j))+(4-
Za)*log(1-Za*w(i,j))-3*log(1-w(i,j)));
xh2=k1*Da*(k*T)^-0.5*exp(-k2/k/T/(GN)^2)*dl*dl*dt;
k5=rand(1);
if gn(im,j)~=gn(i,j)|gn(ip,j)~=gn(i,j)|gn(i,jm)~=gn(i,j)|gn(i,jp)~=
gn(i,j),%判断是否在晶界
if k4<xh1,
state(i,j)=0.5;
gn2(i,j)=j11;
```

```
j11=j11+1;
mm5=[i2m;im;i;ip;i2p];
nn5=[j2m;jm;j;jp;j2p];
for kkx=1:5,
for kky=1:5,
xh(mm5(kkx),nn5(kky))=1;
end
end
phase1(i,j)=0;
phase2(i,j)=0;
gn3(i,j)=dv;
gn4(i,j)=1;
ori2(i,j)=floor(rand*180);
ksw=1;
else if k5<xh2&wp1(i,j)>wf;
state(i,j)=1.5;
gn2(i,j)=j11;
j11=j11+1;
mm5=[i2m;im;i;ip;i2p];
nn5=[j2m;jm;j;jp;j2p];
for kkx=1:5,
for kky=1:5,
xh(mm5(kkx),nn5(kky))=1;
end
end
phase1(i,j)=3;
phase2(i,j)=0;
gn3(i,j)=dv;
gn4(i,j)=3;
ori2(i,j)=floor(rand*180);
ksw=1;
end
end
else
```

```
if k4<xh1*xis,
state(i,j)=0.5;
gn2(i,j)=jl1;
jl1=jl1+1;
mm5=[i2m;im;i;ip;i2p];
nn5=[j2m;jm;j;jp;j2p];
for kkx=1:5,
for kky=1:5,
xh(mm5(kkx),nn5(kky))=1;
end
end
phase1(i,j)=0;
phase2(i,j)=0;
gn3(i,j)=dv;
gn4(i,j)=1;
ori2(i,j)=floor(rand*180);
ksw=1;
end
end
end
if phase(i,j)==2&xh(i,j)==0&state(i,j)==0,
GN=0.25*(Gcem-Ha+Sa*T)+0.75*Gfe-R*T/(4*(Za-1))*((Za-1)*log(w(i,j))+
(4-Za)*log(1-Za*w(i,j))-3*log(1-w(i,j)));
xh2=k1*Da*(k*T)^-0.5*exp(-k2/k/T/(GN)^2)*dl*dl*dt;
k5=rand(1);
if gn(im,j)~=gn(i,j)|gn(ip,j)~=gn(i,j)|gn(i,jm)~=gn(i,j)|gn(i,jp)~=
gn(i,j)
if k5<xh2,
state(i,j)=0.5;
gn2(i,j)=jl1;
jl1=jl1+1;
mm5=[i2m;im;i;ip;i2p];
nn5=[j2m;jm;j;jp;j2p];
for kkx=1:5,
```

```
for kky=1:5,
xh(mm5(kkx),nn5(kky))=1;
end
end
phase1(i,j)=3;
phase2(i,j)=2;
gn3(i,j)=dv;
gn4(i,j)=2;
ori2(i,j)=floor(rand*180);
ksw=1;
end
else
if k5<xh2*xis,
state(i,j)=0.5;
gn2(i,j)=j11;
j11=j11+1;
mm5=[i2m;im;i;ip;i2p];
nn5=[j2m;jm;j;jp;j2p];
for kkx=1:5,
for kky=1:5,
xh(mm5(kkx),nn5(kky))=1;
end
end
phase1(i,j)=3;
phase2(i,j)=2;
gn3(i,j)=dv;
gn4(i,j)=2;
ori2(i,j)=floor(rand*180);
ksw=1;
end
end
end
```

　　(2)计算驱动力。

　　计算驱动力部分展示了化学驱动力、晶界驱动力和变形储存能驱动力的计算，其中化学驱动力和变形储存能驱动力的计算采用相关套用公式计算即可，而晶界驱动力和附近的元胞相关，计算相对复杂，需要统计周围两层的元胞晶粒归属。

```
P1=fes(i,j)^2/0.5/G;%计算变形储存能
ssori=abs(ori2(i,j)-ori(i,j));
if ssori<=2,
ssori=2;
end
if ssori<15&ssori>2,
ys=ysm*ssori/15*(1-log(ssori/15));
else
ys=ysm;
end
Nk=0;
mm5=[i2m;im;i;ip;i2p];
nn5=[j2m;jm;j;jp;j2p];
for kkx=1:5,
for kky=1:5,
if (mm5(kkx)==i2m|mm5(kkx)==i2p|nn5(kky)==j2m|nn5(kky)==j2p)&
gn(mm5(kkx),nn5(kky))==gn2(i,j),
Nk=Nk+2;
end
if (mm5(kkx)==im|mm5(kkx)==ip|nn5(kky)==jm|nn5(kky)==jp)&gn(mm5(kkx),
nn5(kky))==gn2(i,j),
Nk=Nk+1;
end
end
end
ks=1.28/dl*(20-Nk)/41;
P2=-ys*ks;
Gya=R*T/(Za-1)*(Za*(1-wp1(i,j))*log(1-wp1(i,j))-(1-Za*wp1(i,j))*
log(1-Za*wp1(i,j)))+(Hf-Ha-(Sf-Sa)*T)*wp1(i,j)+(1-wp1(i,j))*Gfe;
P3=-Gya;
```

8.3　元胞自动机金属固态相变的元胞自动机模拟实例

8.3.1　冷却过程金属相变模拟

本节根据奥氏体相变原理，开发板带钢热变形后连续冷却相变的二维元胞自动机模拟软件。根据相变热力学和动力学原理，建立模拟奥氏体热变形后连续冷却相变的元胞自动机模型，可视地模拟连续冷却中奥氏体向铁素体、珠光体和贝氏体转变的介观组织演变过程。计算不同冷却速率下相变类型、相变开始温度、相变动力学曲线和晶粒尺寸等，考虑相变中碳的扩散，模拟碳浓度的分布，实现相变体积分数、晶粒尺寸及碳浓度变化等参数的定量化、精确化和可视化描述。

1. 模拟条件

所模拟实验钢种的化学成分如表 8.3 所示，所模拟的连续冷却工艺参数如图 8.1 所示。

表 8.3　实验钢的化学成分

成分	C	Si	Mn	S	P	Al	Nb	V	Ti	N
质量分数/%	0.233	1.365	1.54	0.004	0.0074	0.08	—	—	—	—

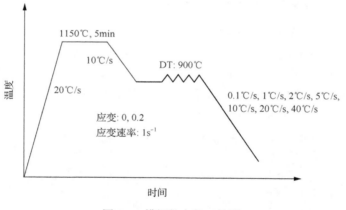

图 8.1　模拟的实验工艺图

2. 连续冷却相变体积分数模拟结果

上述建立的元胞自动机模型能够模拟连续冷却的相变过程。图 8.2 为实验钢在不同冷却速率下的相变体积分数，从图中还可以看出不同冷却速率下发生的相变类型和实际相变开始温度。当冷却速率为 1℃/s 时，首先发生铁素体转变，实际转变温度为 781℃，铁素体相变体积分数为 0.18；当温度降到 742℃时，珠光体转变开始，珠光体转变分数为 0.56；当温度继续降到 659℃时，贝氏体转变开始，贝氏体转变分数为 0.22。当冷却速率为 5℃/s 和 10℃/s 时，先发生铁素体转变，而后发生贝氏体转变。当冷却速率为 20～40℃/s 时，则只发生贝氏体转变。

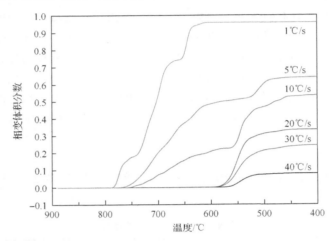

图 8.2　实验钢不同冷却速率下的相变动力学曲线

3. 连续冷却相变介观组织演变模拟结果

图 8.3 为模拟得到的实验钢在冷却速率为 20℃/s、温度由 900℃降到 400℃的连续冷却过程中的介观组织。图 8.3(a) 为连续冷却相变前奥氏体初始组织，初始晶粒尺寸为 20μm。图 8.3(b) 为 580℃时的相变组织，从图 8.2 动力学曲线可以看出，此温度对应贝氏体相变的实际开始转变温度，即贝氏体开始形核。随后贝氏体继续形核和长大，图 8.3(c) 为 500℃时的组织。

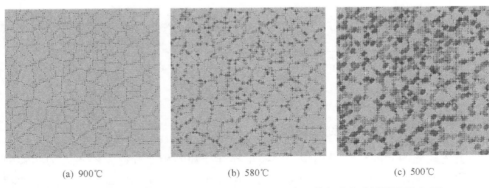

(a) 900℃　　　　　　　(b) 580℃　　　　　　　(c) 500℃

图 8.3　实验钢在冷却速率为 20℃/s 时不同温度下的相变组织(彩图见文后)

　　图 8.4 为模拟得到的实验钢在冷却速率为 10℃/s、温度由 900℃降到 400℃的连续冷却过程中的介观组织。从图 8.2 动力学曲线可知，铁素体实际转变温度为 750℃。图 8.4(a) 为铁素体开始形核的组织，图 8.4(b) 为 560℃时铁素体相变的长大组织。当温度继续降为 558℃时，达到了贝氏体相变的实际开始转变温度，贝氏体开始形核，其组织如图 8.4(c) 所示。

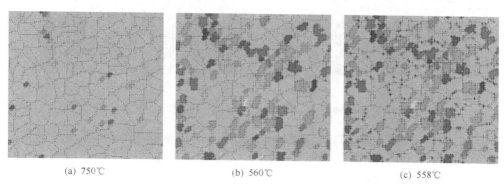

　　(a) 750℃　　　　　　　　　　(b) 560℃　　　　　　　　　　(c) 558℃

图 8.4　实验钢在冷却速率为 10℃/s 时不同温度下的相变组织(彩图见文后)

4. 连续冷却相变碳浓度变化模拟结果

　　所建立的元胞自动机模型不仅能够模拟相变的介观组织，而且能够模拟元胞空间在连续冷却过程中碳浓度的分布和演变情况。图 8.5 为实验钢在冷却速率为 10℃/s 时不同温度下碳浓度分布。与图 8.4 对应来看，当铁素体开始形核时，铁素体相为贫碳区，其碳浓度很小，如图 8.5(a) 中深蓝色的小点区域所示；从中还可以看出，在铁素体与奥氏体的相界面处为富碳区，如图中红色区域所示；此时远离相界面的奥氏体中的碳浓度基本没有增加，原因是此时碳原子来不及扩散。

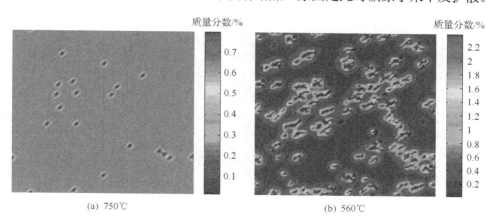

　　　　(a) 750℃　　　　　　　　　　　　　　　(b) 560℃

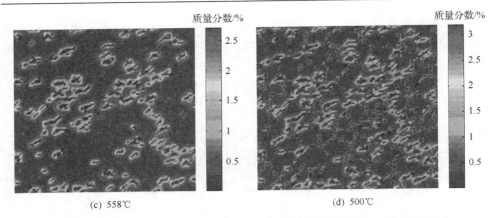

(c) 558℃　　　　　　　　　　　　(d) 500℃

图 8.5　实验钢在冷却速率为 10℃/s 时不同温度下的碳浓度分布(彩图见文后)

随着铁素体相变的进行，碳在铁素体相和奥氏体相内部也在进行扩散，使得奥氏体相的碳浓度有所升高，如图 8.5(b)所示。图 8.5(c)和(d)为当温度达到发生贝氏体相变的碳的扩散情况，可以看出此时元胞空间内的碳浓度分布十分不均匀，出现了明显的贫碳区与富碳区。

5. 连续冷却相变晶粒尺寸模拟结果

所建立的元胞自动机模型能够模拟计算出新相的平均晶粒尺寸，同时也能计算出新相的最大晶粒尺寸和最小晶粒尺寸。图 8.6 为实验钢发生贝氏体相变时晶粒尺寸随冷却速率的变化，从图中可以看出，随着冷却速率的增大，贝氏体晶粒尺寸逐渐减小。

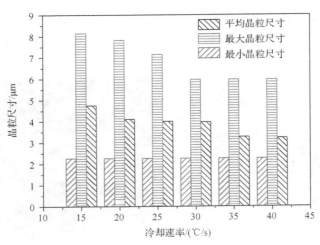

图 8.6　实验钢贝氏体相变晶粒尺寸随冷却速率的变化

8.3.2　加热过程金属相变模拟

1. 模拟条件

所模拟实验钢种为某厂生产的 DP590 冷轧双相钢钢板，原料厚度为 2mm，其化学成分如表 8.4 所示。所模拟的轧制及热处理工艺为：实验钢经过冷轧至 1mm，以 10℃/s 升温到 800℃保温 80s，之后快速淬火冷却至室温。

表 8.4　实验钢的化学成分

成分	C	Si	Mn	P	S	Al
质量分数/%	0.102	0.417	1.78	0.0148	0.0013	0.0401

元胞自动机建模采用二维四方形网格，网格大小为 0.2μm，网格数为 100×100，采用 Alternant Moore 型邻居，周期性边界条件，概率型形核机制。

根据原料金相组织建模获得原始组织背景的模拟，图 8.7 为模拟的实验钢冷轧前的初始组织，图中显示红色的是铁素体，蓝色的是马氏体，其中马氏体体积分数为 30%，铁素体体积分数为 70%。用有限元软件 ABAQUS 计算冷轧后的应力、应变获得相应的储存能，将有限元软件的计算数据映射到元胞自动机作为热处理的初始状态。

图 8.7　实验钢冷轧前初始组织模拟(彩图见文后)

2. 组织模拟结果

上述建立的奥氏体逆相变的元胞自动机模型能够模拟金属加热的相变过程。图 8.8 给出了实验钢加热保温过程组织的元胞自动机模拟结果。图中红色为未再结晶铁素体，蓝色为马氏体，粉色为再结晶铁素体，绿色为奥氏体，白色线条为晶界。在加热保温过程中，奥氏体主要在马氏体边界形核，奥氏体比例由碳含量控制。从图中可以看到铁素体的再结晶、再结晶晶粒的长大以及奥氏体的生成与球化。

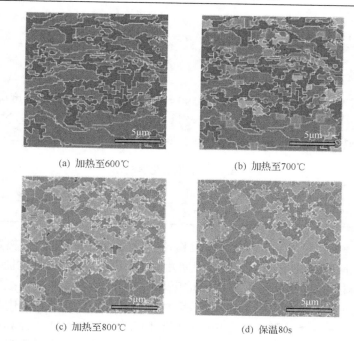

(a) 加热至600℃　　　　　　　(b) 加热至700℃

(c) 加热至800℃　　　　　　　(d) 保温80s

图 8.8　实验钢加热保温过程组织的元胞自动机模拟结果(彩图见文后)

　　图 8.9 为实验钢淬火后组织元胞自动机模拟结果和实验结果的对比。图 8.9(a)为元胞自动机模拟结果，图中深绿色代表快冷后的马氏体，粉色代表铁素体；图 8.9(b)为扫描实验结果，图中黑色的为铁素体，灰色的为马氏体。图中元胞自动机模拟的组织形貌和实验结果相符。

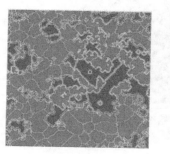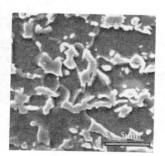

(a) 元胞自动机模拟结果　　　　　　　(b) 扫描实验结果

图 8.9　实验钢淬火后组织元胞自动机模拟结果和实验结果的对比(彩图见文后)

　　图 8.10 给出了实验钢加热保温逆相变过程各相体积分数的变化。从图中可以看出，随着加热的进行，铁素体首先发生再结晶，接着奥氏体形核，然后奥氏体增多吞并部分再结晶铁素体，最后达到组织均匀，两相比例变化不大。

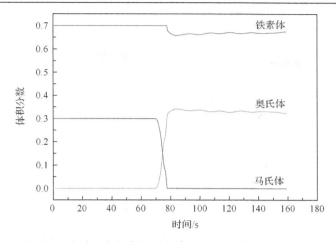

图 8.10　实验钢加热保温逆相变过程各相体积分数的变化

参 考 文 献

[1] 徐洲, 赵连城. 金属固态相变原理. 北京: 科学出版社, 2004.

[2] 朱丽娟. 热轧低碳 Si-Mn 系 TRIP 钢板组织性能的预测[博士学位论文]. 沈阳: 东北大学, 2007.

[3] 崔忠圻, 刘北兴. 金属学与热处理原理. 哈尔滨: 哈尔滨工业大学出版社, 1998.

[4] 刘军. 逆相变退火中锰钢断裂机制的研究[硕士学位论文]. 武汉: 华中科技大学, 2014.

[5] 林慧国, 付戴直. 钢的奥氏体转变曲线: 原理、测试与应用. 北京: 机械工业出版社, 1988.

[6] Doane D V, Kirkaldy J S. Hardenability concept with applications to steels. Proceedings of International Conference Metallurgical Society of AIME, 1977: 82～125.

[7] Kirkaldy J S, Baganis E A. Thermodynamic prediction of the Ae_3 temperature of steels with additions of Mn, Si, Ni, Cr, Mo, Cu. Metallurgical Transactions A, 1978, 9(4): 495～501.

[8] Marder A R, Goldstein J. Phase transformations in ferrous alloys. Proceedings of International Conference Metallurgical Society of AIME, 1984: 125～148.

[9] 许云波. 基于物理冶金和人工智能的热轧钢材组织-性能预测与控制[博士学位论文]. 沈阳: 东北大学, 2003.

[10] Kaufman L, Radcliffe S V, Cohen M. Decomposition of austenite by diffusional process. New York: Interscience Publishers, 1962, 343 (3): 428～440.

[11] Lacher J R. The statistics of the hydrogen-palladium system. Mathematical Proceedings of the Cambridge Philosophical Society, 1937, 33(4): 518～523.

[12] Fowler R H, Guggenhiem E A. Statistical Thermo Dynamics. New York: Cambridge University Press, 1939: 442.

[13] McLellan R B, Dunn W W. A quasi-chemical treatment of interstitial solid solutions: It application to carbon austenite. Journal of Physics and Chemistry of Solids, 1969, 30(11): 2631～2637.

[14] 徐祖耀, 牟翊文. Fe-C 合金贝氏体相变热力学(KRC 模型). 金属学报, 1985, 21(2): 26～37.

[15] 牟翊文, 徐祖耀. Fe-C 合金中 C-C 交互作用能. 金属学报, 1987, 23(4): 329～338.

[16] 曲锦波. HSLA 钢板热轧组织性能控制及预测模型[博士学位论文]. 沈阳: 东北大学, 1998.

[17] Aaronson H I, Domian H A, Pound G M. Thermodynamic of the austenite-proeutectoid ferrite transformation II, Fe-C-X alloys. Transactions of the Metallurgical Society of AIME, 1966, 236(5): 768～781.

[18] Orr R L, Chipman J. Thermodynamic functions of iron. Transactions of the Metallurgical Society of AIME, 1967, 239: 630.

[19] Parker S V. Modelling of phase transformations in hot-rolled steels[Dissertation]. Cambridge: University of Cambridge, 1997.

[20] Bhadeshia H K D H. A rationalization of shear transformations in steels. Acta Metallurgica, 1981, 29(6): 1117~1130.

[21] Bhadeshia H K D H. Thermodynamic analysis of isothermal transformation diagrams. Metal Science Journal, 1982, 16(3): 159~166.

[22] Sellars C M. Computer modelling of hot-working processes. Materials Science and Technology, 1985, 1(14): 325~332.

[23] Liu W J. A new theory and kinetic modeling of strain-induced precipitation of Nb(CN) in microalloyed austenite. Metallurgical & Materials Transactions A, 1995, 26(7): 1641~1657.

[24] Umemoto M, Guo Z H, Tamura I. Effect of cooling rate on grain size of ferrite in a carbon steel. Metal Science Journal, 2013, 3(4): 249~255.

[25] Kop T A, Leeuwen Y V, Sietsma J. Modelling the austenite to ferrite phase transformation in low carbon steels in terms of the interface mobility. ISIJ International, 2000, 40(7): 713~718.

[26] Leeuwen Y V, Onink M, Sietsma J. The γ-α transformation kinetics of low carbon steels under ultra-fast cooling conditions. ISIJ International, 2001, 41(9): 1037~1046.

[27] Krielaart G P, Sietsma J, Zwaag S V D. Ferrite formation in Fe-C alloys during austenite decomposition under non-equilibrium interface conditions. Materials Science and Engineering A, 1997, 237(2): 216~223.

[28] Krielaart G P, Zwaag S V D. Simulations of pro-eutectoid ferrite formation using a mixed control growth model. Materials Science and Engineering A, 1998, 246(1-2): 104~116.

[29] David N H, Sietsma J, Zwaag S V D. The effect of plastic deformation of austenite on the kinetics of subsequent ferrite formation. ISIJ International, 2001, 41(9): 1028~1036.

[30] Gamsjager E, Militzer M, Fazeli F. Interface mobility in case of the austenite-to-ferrite phase transformation. Computational Materials Science, 2006, 37: 94~100.

[31] 徐祖耀. 马氏体相变与马氏体. 北京: 科学出版社, 1980.

[32] 赵新清, 韩雅芳. 铁基合金中马氏体形核动力学探讨. 材料工程, 2000, (3): 3~7.

[33] Zheng C W, Raabe D. Interaction between recrystallization and phase transformation during intercritical annealing in a cold-rolled dual-phase steel: A cellular automaton model. Acta Materialia, 2013, 61(14): 5504~5517.

[34] Salehi M S, Serajzadeh S. Simulation of static recrystallization in non-isothermal annealing using a coupled cellular automata and finite element model. Computational Materials Science, 2012, 53(1): 145~152.

[35] Santofimia M, Speer J, Clarke A, et al. Influence of interface mobility on the evolution of austenite-martensite grain assemblies during annealing. Acta Materialia, 2009, 57(15): 4548~4557.

[36] Han F, Kou H, Li J, et al. Cellular automata modeling of static recrystallization based on the curvature driven subgrain growth mechanism. Journal of Materials Science, 2013, 48(20): 7142~7152.

[37] Raabe D, Hantcherli L. 2D cellular automaton simulation of the recrystallization texture of an IF sheet steel under consideration of Zener pinning. Computational Materials Science, 2005, 34(4): 229~313.

[38] Song X Y, Rettenmayr M. Modelling study on recrystallization, recovery and their temperature dependence in inhomogeneously deformed materials. Materials Science and Engineering A, 2002, 332(1): 153~160.

[39] 兰勇军. 低碳钢奥氏体-铁素体相变介观模拟计算[博士学位论文]. 沈阳: 中国科学院金属研究所, 2005.

[40] 戚正风. 固态金属中的扩散与相变. 北京: 机械工业出版社, 1998.

[41] 胡健伟, 汤怀民. 微分方程数值解法. 北京: 清华大学出版社, 1999.

第9章　元胞自动机在金属材料研究中的
应用前景及展望

元胞自动机作为一种金属材料组织演变多层次模拟的工具，在金属凝固、再结晶及相变研究应用中逐渐成熟。本书所介绍的相关理论和方法，便于初学者和入门者快速掌握，并能够在元胞自动机用于金属材料模拟研究中得以应用。实际上，元胞自动机作为金属材料研究的有效工具，还有很多问题值得深入研究和进一步开发，应用范围有待于扩展，发展趋势令人期待。

9.1　应　用　前　景

在金属材料科学研究中，元胞自动机已经在金属凝固、再结晶、相变等介观尺度的模拟中取得了成功，展示了比传统数学模型丰富得多的图形、图像信息，辅助研究者在晶粒尺度$(10^{-7} \sim 10^{-5}\text{m})$上认识金属材料组织演变的规律。从元胞自动机的作用和功能来看，在金属材料研究的其他方面，也有良好的应用前景[1]。

1) 金属材料微观组织结构的辅助模拟

比晶粒尺度更小的层次，是材料的晶体结构。晶体结构中涉及晶格点阵、取向、织构、滑移等，这些概念在晶体塑性力学中已有深入的研究和大量数据积累。人们建立各种数学模型揭示金属材料的微观本质和塑性变形的深层规律，这里也需要元胞自动机提供相关的图形、图像信息。有了这些图形、图像信息，可以为传统数学模型提供"眼见为实"的确切影像，辅助人们透过现象认识本质，理清头绪、找出规律。

元胞自动机和晶体塑性力学结合是一个很好的研究方向，晶体塑性力学的模拟结果表明[2,3]，晶体塑性变形极其不均匀，存在一些取向剧烈变化的区域(过渡带)，根据元胞自动机理论，这里正是最可能形核的区域，这与实验观察结果相吻合。采用元胞自动机和晶体塑性力学结合还可以解释其他类似实验现象。这方面的研究工作刚刚开始，有着广阔的发展前景。

2) 金属材料力学性能的预测预报

金属材料的力学性能是由其化学成分、加工过程和组织结构决定的。在确定的化学成分和加工过程条件下，组织结构决定了其力学性能[4]。既然元胞自动机能够合理地模拟出金属材料组织结构，那么距离给出其力学性能的预测预报就不再遥远了。

著名的 Hall-Petch 公式帮助我们建立了金属材料组织与性能之间的联系，一种简单的做法是：用元胞自动机获得晶粒尺寸的信息，将其代入 Hall-Petch 公式计算出屈服强度等力学性能参数。这里晶粒尺寸是一个平均的、等效的、近似的概念[5]，如果进行深入一步研究，充分考虑元胞自动机可以提供给我们的晶粒形状、晶粒尺寸、晶粒轴比、粒度分布以及晶界、取向等更加丰富的信息，建立一组能更为精细地描述力学性能与组织结构关系的数学模型，则会翻开力学性能研究的新篇章，把我们对金属材料力学性能本质的认识提高到一个新层次。

3) 增材制造等新加工过程的模拟

以 3D 打印为代表的增材制造，是近年来得到迅猛发展的材料成形新技术[6]。3D 打印作为一种崭新的技术，目前其对工艺和设备方面的发明创造领先于对其成形过程的模拟研究[7]，这张白纸上容易用元胞自动机绘出最新、最美的图画。元胞自动机在传统增材制造-焊接过程模拟中的应用研究已经开始[8,9]，3D 打印与焊接相似，其成形过程也必然涉及快速凝固、液固相转变、组织结构形成与演变等适于采用元胞自动机处理的金属学物理和金属物理问题，元胞自动机将在这里找到用武之地。

与 3D 打印相似的一些新工艺技术，如激光熔覆、喷射成形、物理和化学沉积成形等增材制造技术[10]，也是元胞自动机可以大展身手的地方。

4) 腐蚀、损伤、裂纹等现象的模拟

在金属材料的研究中，元胞自动机的应用范围还有很大拓展空间。目前在金属表面腐蚀方面，采用元胞自动机进行组织模拟方面的研究工作已经取得可喜进展[11,12]，甚至建立了金属表面局部腐蚀研究的三维数学模型[13]，这启发我们考虑用元胞自动机进行损伤、裂纹、内部缺陷修复等与材料服役寿命相关的复杂现象模拟。实际上，以元胞自动机为模拟工具进行裂纹的分析研究工作已经开始[14]，基于机理分析的沿晶微裂纹热塑性修复的微观组织元胞自动机演化规则已被建立[15]。

坚冰已打破，幼芽已萌生，下一步需要扩大战果，尝试用元胞自动机对不同形状、不同性质、不同材料的各类裂纹、空位、位错等进行深入研究，揭示材料缺陷形成和演变的深层规律，致力于提高材料服役期限。

9.2　发展趋势

在金属材料科学研究中，元胞自动机自身也需要向前发展，预期主要发展方向如下。

1) 元胞自动机通用软件开发

目前还没有完善的元胞自动机模拟商业软件可供研究者应用。在应用方面，有限元法做出了成功的范例。用于金属材料成形分析的有限元商业软件有 ANSYS、MARC、DEFORM、ABAQUS 等，形成了可供用户根据求解需要选择的软件平台体系。开发出一系列商业软件，是加快元胞自动机推广应用的有力措施。研究者如能开发出像 ANSYS 那样现成的元胞自动机模拟商业软件，方便初学者使用，元胞自动机就能更广泛、更深入地应用到金属材料领域不同方面的模拟研究中。

走程序标准化、软件模块化、功能实用化是商业软件开发的必由之路，元胞自动机模拟商业软件的开发也不例外。经过研究者的努力，希望大家能够遵循统一的标准规定，开发出各类分工明确、功能齐全、自成体系的元胞自动机源程序模块，期待不久的将来能够在市场上买到理想的元胞自动机模拟商业软件，初学者在掌握了元胞自动机的基础知识之后，不必再为编程调试耗费时间，而是把更多的精力集中到元胞自动机应用的创造性劳动中。

2) 元胞自动机规则体系拓展，元胞自动机新机型开发

元胞自动机是基于规则工作的，有什么样的规则，就会产生什么样的结果，可以说规则在元胞自动机中扮演了十分重要的角色。现有规则在各类元胞自动机的应用中发挥了关键作用，已在金属凝固、再结晶乃至相变模拟研究中得到验证。

不拘泥于现有的规则体系，开发出新的规则是元胞自动机处理新问题、提出新思路向前发展的一条途径。金属物理世界表现出各种丰富的现象，蕴含着不同的深层规律，需要从不同的角度去揭示，采取不同的规则去描述。例如，是否可建立起不同的规则，分别对刃型位错和螺型位错进行合理描述，对位错的攀移、钉扎、增殖、消失等过程做出模拟，给出位错运动直观的图形、图像信息，加深我们对位错运动乃至塑性变形的理解和认识。

基于现有规则体系及元胞自动机的现有机型，建立新的规则体系，必将导致元胞自动机新机型的出现，而这些新机型正是我们处理新科学问题的有力工具，我们热切期望这一天早日到来。

3) 元胞自动机前后处理功能开发

一个好的商业软件，要配备友好的人机界面，这离不开好的前后处理功能。元胞自动机具有表现图形、图像的突出特点，人机界面就显得更为重要。

元胞自动机的模拟结果，要通过图形和数据两种方式给出，既要给出凝固、再结晶、相变产物的最终形态的图形，也要给出刻画它们特征的完整数据。

例如，完成一次对再结晶过程的元胞自动机模拟之后，不仅要得到一幅晶粒分布的图形，用色彩表现出取向等附带信息，也要得到各个晶粒的尺寸分布、刻画晶粒形状的轴比、反映晶粒取向的极图以及平均晶粒尺寸、最大及最小晶粒的

特征参数、取向差等数据量和统计量。为了把研究者从烦琐的简单劳动中解放出来，要求这些图形信息和数据能够自动给出，符合金属学和金属物理学的基本原理和基本规律，符合自洽原则。

除了最终结果之外，元胞自动机的研究中也关心得到这些最终结果的过程。金属材料中的很多参数不仅与时间相关，也与过程相关。换言之，状态函数是过程变量，元胞自动机在描述状态时往往会留下过程的痕迹。把元胞自动机记录下的整个过程真实地、连续地、动态地显示出来，展示给我们的不仅仅是一幅固定的图形、图画，而是一段随着时间连续变化的影像。这些影像对研究者来说弥足珍贵，也许能从发展变化之中发现一些蛛丝马迹，帮助人们认识事物的本质。就像一次旅途中，用摄像机记录下沿途景色，给我们留下的印象就会更加深刻，更加逼真，更加难以忘怀。

可见，对过程的记录和再现，对元胞自动机模拟研究是非常重要的。未来的元胞自动机人机界面不但要给出最终结果，也要给出获取这些结果的完整过程。金属材料的科学研究中，应对采用元胞自动机揭示的过程给予足够认识。

元胞自动机在金属材料研究中的应用，为研究者展示了一片崭新的、丰富多彩的天空，需要继续去探索的，远比目前手中掌握的更深邃，更奥妙，更神奇。

参 考 文 献

[1] 陈飞, 崔振山, 董定乾. 微观组织演变元胞自动机模拟研究进展. 机械工程学报, 2015, 51(4): 30～39.

[2] 司良英. FCC 金属冷加工织构演变的晶体塑性有限元模拟[博士学位论文]. 沈阳: 东北大学, 2008.

[3] Raabe D. 计算材料学. 吴兴惠, 译. 北京: 化学工业出版社, 2002.

[4] 支颖. 板带钢热轧过程宏观行为与介观组织的综合模拟[博士学位论文]. 沈阳: 东北大学, 2008.

[5] 翁宇庆. 超细晶粒钢. 北京: 冶金工业出版社, 2003.

[6] 封会娟, 闫旭, 唐彦峰, 等. 3D 打印技术综述. 数字技术与应用, 2014, (9): 202～203.

[7] 张晓艳, 任金成. 基于专利分析的 3D 打印技术及材料研究与应用进展. 当代化工, 2017, 46(8): 1651～1654.

[8] 张飞奇. 基于丝材电弧增材制造 Ti6A14V-xB 合金的组织性能及模拟[硕士学位论文]. 西安: 西安理工大学, 2017.

[9] 张敏, 周玉兰, 薛覃, 等. Ti-45Al 合金焊接熔池凝固过程数值模拟. 焊接学报, 2018, 39(3): 6～10.

[10] 李方正. 中国增材制造产业发展及应用情况综述. 工业技术创新, 2017, 4(4): 1～5.

[11] 王慧, 吕国志, 王乐, 等. 金属表面腐蚀损伤演化过程的元胞自动机模拟. 航空学报, 2008, 30(6): 1490～1496.

[12] 张恩山, 郭东旭, 王燕昌, 等. 腐蚀环境中铝合金材料力学性能退化研究. 兵器材料科学与工程, 2014, (5): 23～27.

[13] 郭东旭, 任克亮, 王燕昌, 等. 金属局部腐蚀的三维元胞自动机模型. 力学与实践, 2014, 36(4): 447～452.

[14] 马凯. 金属内部微裂纹热塑性修复的元胞自动机模拟[硕士学位论文]. 上海: 上海科学技术大学, 2013.

[15] 马凯, 张效迅, 李霞, 等. 7050 铝合金内部沿晶微裂纹热塑性修复的元胞自动机模拟. 中国有色金属学报, 2014, 24(2): 351～357.

彩　　图

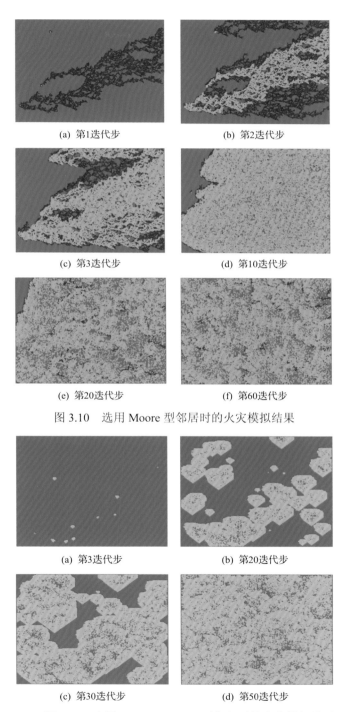

(a) 第1迭代步　　　　　　　　(b) 第2迭代步

(c) 第3迭代步　　　　　　　　(d) 第10迭代步

(e) 第20迭代步　　　　　　　　(f) 第60迭代步

图 3.10　选用 Moore 型邻居时的火灾模拟结果

(a) 第3迭代步　　　　　　　　(b) 第20迭代步

(c) 第30迭代步　　　　　　　　(d) 第50迭代步

图 3.11　选用 Alternant Moore 型邻居时的火灾模拟结果

 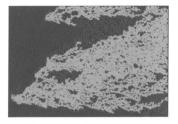

(a) 卫星图片   (b) 元胞自动机模拟计算结果

图 3.12 森林火灾模拟结果与卫星图片的对比

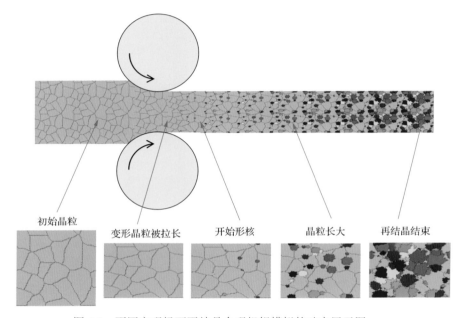

初始晶粒 变形晶粒被拉长 开始形核 晶粒长大 再结晶结束

图 4.3 不同宏观场下再结晶介观组织模拟的动态展示图

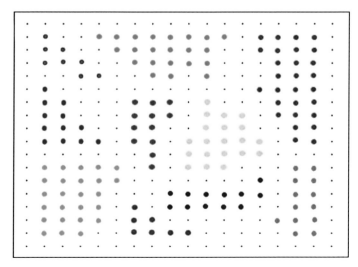

图 5.14 凝固组织着色的显示画面

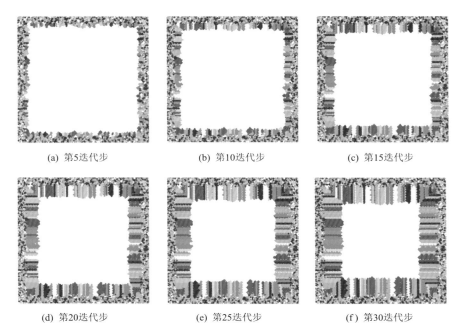

(a) 第5迭代步   (b) 第10迭代步   (c) 第15迭代步

(d) 第20迭代步   (e) 第25迭代步   (f) 第30迭代步

图 5.15   记录凝固每个时间步长的画面

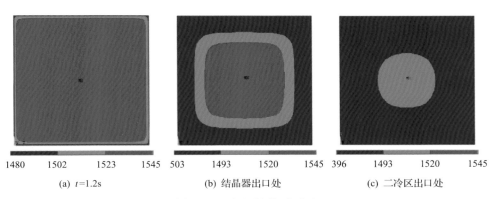

|1480   1502   1523   1545| |503   1493   1520   1545| |396   1493   1520   1545|

(a) t=1.2s   (b) 结晶器出口处   (c) 二冷区出口处

图 5.17   不同时刻坯壳分布

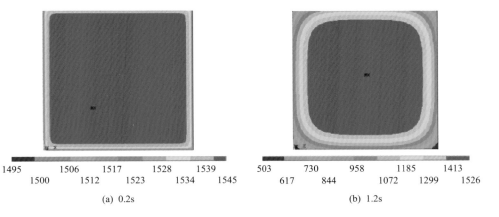

|1495   1506   1517   1528   1539| |503   730   958   1185   1413|
|1500   1512   1523   1534   1545| |617   844   1072   1299   1526|

(a) 0.2s   (b) 1.2s

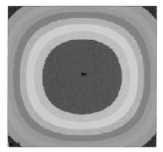

(c) 结晶器出口处   (d) 二冷区出口处

图 5.19   不同时刻温度云图

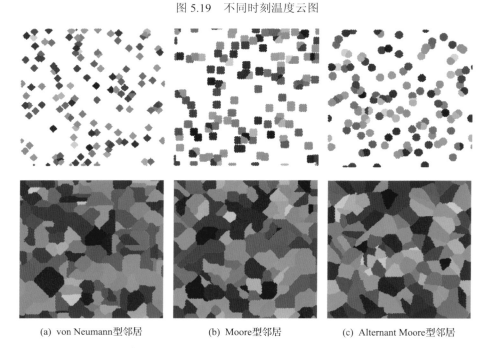

(a) von Neumann型邻居   (b) Moore型邻居   (c) Alternant Moore型邻居

图 6.2   采用不同邻居构型时得到的再结晶过程的介观组织形貌

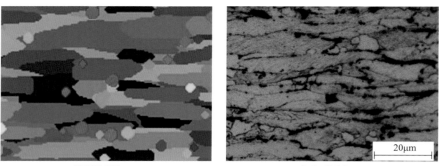

(a) 模拟时间为2min 8s   (b) 实验时间为2min 8s

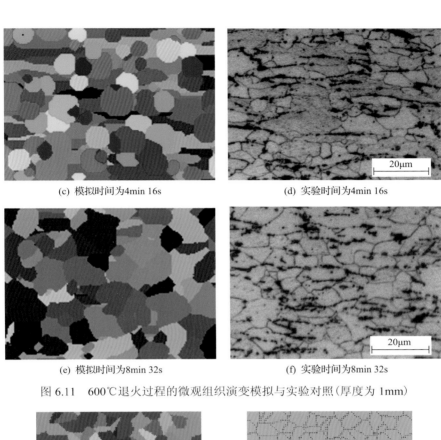

(c) 模拟时间为4min 16s　　　　　　　　(d) 实验时间为4min 16s

(e) 模拟时间为8min 32s　　　　　　　　(f) 实验时间为8min 32s

图 6.11　600℃退火过程的微观组织演变模拟与实验对照(厚度为 1mm)

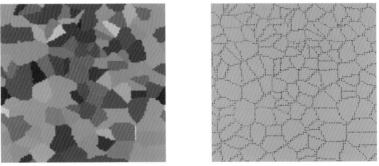

(a) 彩色，不显示晶界　　　　　　　　(b) 灰白，显示晶界

图 7.3　元胞自动机模拟的初始组织形貌

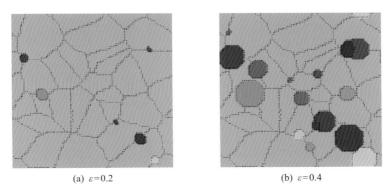

(a) ε=0.2　　　　　　　　　　　　(b) ε=0.4

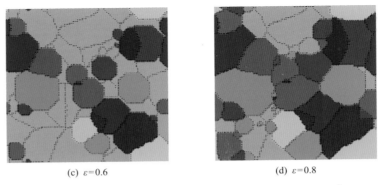

(c) ε=0.6 (d) ε=0.8

图 7.6 微合金钢动态再结晶组织演变过程（1050℃，0.1s⁻¹）

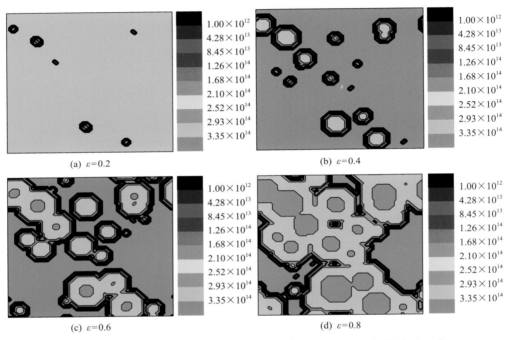

$$1.00\times10^{12}$$
$$4.28\times10^{13}$$
$$8.45\times10^{13}$$
$$1.26\times10^{14}$$
$$1.68\times10^{14}$$
$$2.10\times10^{14}$$
$$2.52\times10^{14}$$
$$2.93\times10^{14}$$
$$3.35\times10^{14}$$

(a) ε=0.2 (b) ε=0.4

(c) ε=0.6 (d) ε=0.8

图 7.8 在变形温度 1050℃、应变速率 0.1s⁻¹ 时位错密度分布（单位为 m⁻²）

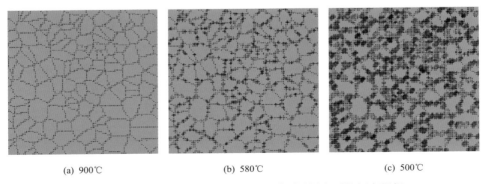

(a) 900℃ (b) 580℃ (c) 500℃

图 8.3 实验钢在冷却速率为 20℃/s 时不同温度下的相变组织

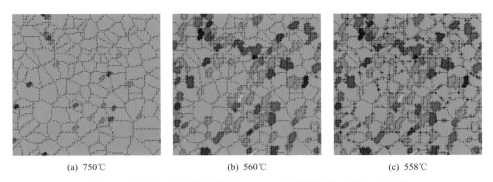

(a) 750℃   (b) 560℃   (c) 558℃

图 8.4 实验钢在冷却速率为 10℃/s 时不同温度下的相变组织

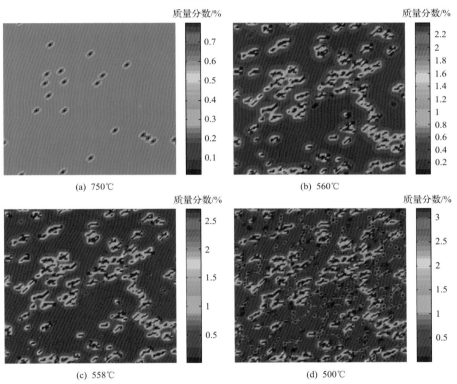

(a) 750℃   (b) 560℃

(c) 558℃   (d) 500℃

图 8.5 实验钢在冷却速率为 10℃/s 时不同温度下的碳浓度分布

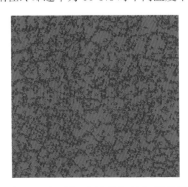

图 8.7 实验钢冷轧前初始组织模拟

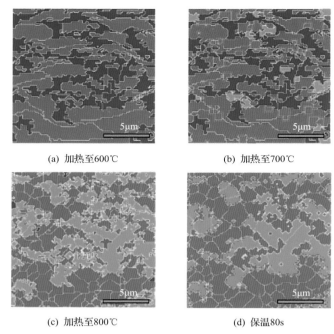

(a) 加热至600℃   (b) 加热至700℃

(c) 加热至800℃   (d) 保温80s

图 8.8 实验钢加热保温过程组织的元胞自动机模拟结果

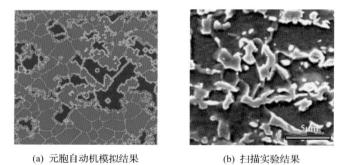

(a) 元胞自动机模拟结果   (b) 扫描实验结果

图 8.9 实验钢淬火后组织元胞自动机模拟结果和实验结果的对比